KB252353

바람에 실려 온
페니실린

생명의 처음과 끝 세포 이야기
바람에 실려 온 페니실린

2판 1쇄 발행일 2025년 12월 17일
초판 1쇄 발행일 2004년 12월 24일

지은이 권오길
펴낸이 이원중

펴낸곳 지성사 **출판등록일** 1993년 12월 9일 **등록번호** 제10-916호
주소 (03458) 서울시 은평구 진흥로 68, 2층
전화 (02) 335-5494 **팩스** (02) 335-5496
홈페이지 www.jisungsa.co.kr 이메일 jisungsa@hanmail.net

© 권오길, 2004

ISBN 978-89-7889-567-5 (03470)

잘못된 책은 바꾸어드립니다. 책값은 뒤표지에 있습니다.

바람에 실려 온

생명의 처음과 끝 세포 이야기 _ 권오길 지음

페니실린

지성사

"세포는 우주다"

책을 사는 사람들은 책표지를 유심히 살펴본 다음에, 책장을 넘겨 '머리말'을 찬찬히 읽어 본다고 한다. 남녀가 선을 보는 것과 다르지 않다. 거기에서 둘이 마음이 맞으면 그 책은 비로소 주인을 찾게 되는 것이다. 서점에 꽂혀 있는 그 많은 책들은 죄다 애독자를 기다리고 있다. 많이 팔려 나가는 책은 신들리게 된다. 그러나 누구의 손길도 받지 못한 책의 마음은 어떠할까. 이 책은 과연 어떤 운명을 타고났을까? 좋은 배필을 만나야 할 텐데. 저자에게 책은 책이 아니라 자식이다.

굳이 따지자면 『꿈꾸는 달팽이』라는 맏이를 낳은 이후 이 녀석이 아홉 번째 자식이다. 임신 중에 있는 「달팽이의 사랑」(가제)을 합치면 열 명의 자식을 두게 되는 셈이며 이들은 퇴임 기념 전집으로 세상에 나가게 된다. 요새 세상에 자식 열이면 다산에 든다. 그러나 다다익선인 것이 자식 아닌가.

　일곱 번째 책까지는 대부분 이것저것을 섞어 쓴 ‘짬뽕’이었지만 여덟 번째 책인 『열목어 눈에는 열이 없다』와 이 책은 그렇지 않다. 하나의 주제만을 다루었다. 이번 책은 ‘단세포의 세계’로 단정지어도 될 것이다. 바이러스에서 시작하여 세균, 세포 속의 ‘우주’를 다루었으니 말이다.

　“세포는 우주다(a cell is a cosmos).”라는 말이 있다. 하나의 세포 속에는 우주의 역사가 들어 있고 그 흔적이 묻어 있기에 하는 말이다. 그 역사가 바로 핵산이요 염색체이고, 유전자요 엽록체이며, 미토콘드리아이다. 그리고 생명의 본체인 DNA는 유전자 구실을 하고, 우리가 먹은 포도당은 에너지의 본산이다.

　세균이나 곰팡이도 제 살기 위해 물질을 내놓으니 그것이 바로 페니실린(penicillin) 같은 항생제(抗生劑)이다. 그리고 사람의 몸속에는 하등한 특징이 남아 있는데 정자가 편모를, 백혈구가 아메바 운동을, 또 기관지와 나팔관에 섬모가 있는 것이 그 증거이다. 하나의 세포가 어떻게 살아왔고 또 어떻게 변할 것이라는 것도 이 책을 통해 알게 될 것이다. 그래서 이 책은 조금 어렵게 느껴질 수가 있다.

　그러나 어렵다고 넘어야 할 산과 건너야 할 강을 피해갈 수는 없다. 부딪쳐 보길 바란다. 자분자분 이야기를 건네듯 글을 써야 하는데 그게 그리 녹록하지 않다. 다시 말하지만 원숭이도 알아들을 수 있는 글을 쓴다고는 했는데 그게 어디 쉬운가. 글은 그 사람이다. 문장에 위트를 많이 묻히려 하면 그만 가볍고 생각 없는 글이 되고 만다. 사실은 시를 굽듯이 글을 쓴다. 글쓰기에는 상처를 손가락으로 쑤시는 정신적 고통이 따른다. 고난으로 굽이치는 긴긴 강줄기이다. 피카소는 그림을 "피로 그렸다."라고 했다.

그래도 하나 자위할 수 있는 것은 "일 년에 책 한 권씩을 내겠다."라고 독자들에 약속한 것을 지켜 나가고 있다는 점이다. 태작(駄作), 졸렬한 농사이기는 하지만 글농사를 포기하지 않고 해 왔다. 앞으로도 계속할 것이다. 살을 도려내는 아픔이 있더라도 말이다. 책을 먹고 사는 책벌레가 솔잎을 먹을 수 있겠는가.

[차 례]

과학이 무슨 여의주(如意珠)나 된단 말인가 하고 되캐묻게 되는구려. 시시콜콜 온통 말끝마다 과학, 과학 하니 말이다. 없으면 아쉽고 있으면 귀찮은 존재, 헤어지면 그립고 만나 보면 시들한 것이 과학일 터. 칼이라는 과학도 잘 쓰면 보물이지만 못 쓰면 손가락을 베고 만다. 과학의 산물인 자동차 또한 그렇지 않은가. 그놈이 없으면 불편해서 못 살지만 자칫 잘못하면 목숨까지 앗아가는 애물이듯. 과학은 밉다가도 예쁘고 예쁘다가도 밉다.

우리는 결국 과학에 대한 '순응(順應)과 저항(抵抗)'이라는 것을 한 배에 싣고 항해하고 있는 셈이다. 과학이 질리고 토악질 나게 해도 어쩔 도리가 없다. 여기, 현대 생물과학에서 일어나는 여러 사건들을 맛보기로 몇 가지 열거하고 더 상세하고 구체적인 이야기는 다음 장에서 이어갈 것이다.

사람이 원숭이와 가지를 친 것이(사람이 원숭이에서 생겨난 것이 아니라 동일 조상에서 원숭이와 사람으로 나뉨) 약 500만 년 전인데 그 동안에 서로 달라(틀려)진 DNA 염기는 1.23퍼센트 미만이라고 한다. 보통 한 사람과 다른 사람을 비교하면(사람마다 유전자가 다르므로) 30억 개 가까운 염기쌍(鹽基雙, base pair) 중 넉넉잡아 5만여 개(0.08퍼센트)에서 차이가 나는데 이에 비하면 아주 작은 변화라 하겠다. 속(염기쌍의 변화)은 그렇다 쳐도 겉으로 보면 그들과 사람은 상당한 거리(차이)를 두게 되었다. 특히 핵산(DNA) 연구는 과학의 도(度)를 넘어서 '생명(life)' 그 자체에 도전하는 단계에 접어들었으니, 여기서 셸리(Shelley)가 쓴 괴기 소설의 주인공인 '프랑켄슈타인 괴물'이 연상된다. 결국은 우리도 이렇게 분수에 넘치게 거들먹거리다가 자기가 만들어 낸 '저주의 씨앗'에 제 목숨을 빼앗기는 꼴이 되지 않을까 걱정된다. 제 꾀에 제가 속는다고 하지 않는가. 과학문명이라는 끄나풀에 옭아매인 노예가 된 지 오래지만.

독일의 분자생물학자 후버(Robert Hoover) 교수는 "현대의 자연과학자는 중세 때 보물섬을 찾아 바다를 누비던 해상모험가처럼 신나는 일을 하는 사람이다."라고 했다. 또한 그는 "아직도 자연에 대해 모르는 것이 많아 수많은 실험을 하면서 과학에 대해 경이로움을 느끼지만 인간복제(人間複製)는 윤리적으로 있을 수 없고 있어서도 안 된다."라며 과학자의 도덕성도 강조하고 있다. 그러나 과학은 잘 쓰면 인류에 보탬이 되나 그렇지 못하면 독이 되고 큰 해악을 미치는 법. "과거를 잊는 자는 그 일을 반복한다."라고 했다. 때문에 노벨의 '다이너마이트의 지혜'를 항상 염두에 둬야 한다. 지금부터 세계의 생물과학 연구실에서 숨 가쁘게 일어나는 경이로운(?) 사건 몇 가지를 소개한다.

제일 먼저 '생물번호부(biological book)' 또는 '생물백과사전'이라고 부르는 인간게놈계획(Human Genome Project, HGP)을 보도록 한다. 게놈(genome)이란 신(神)의 손때가 묻어 있는 하나의 생물체가 갖는 유전자 전체(유전체, 遺傳體)를 일컫는 말인데, 인간게놈계획이란 한마디로 사람의 유전자지도(gene map)를 만드는 계획이다. 즉, 3만 5,000여 개(사람의 유전자가 몇 개인지 확실히 모름)의 유전자가 어느 염색체의 어떤 부위에 들어 있는지 알아내는 것으로, 여기서 유전자는 DNA 염기를 말하며, 유전자지도는 유전자를 구성하는 염기쌍의 배열 순서(번호)를 밝히는 것이다. 이것은 미국이 소련과 혈투에 가까운 우주경쟁을 하면서, 달나라에 사람을 보내기 위해 세웠던 계획도 저리 가라 할 만큼 대단한 사업이라 한다.

참고로 여기서 말하는 게놈이란 어휘는 gene(유전자)의 앞 글 'gen-'과 chromosome(염색체) 뒤의 '-ome'를 합쳐 만든 합성어다. '염색체에 들어 있는 모든 유전자'란 의미이며, 여기엔 유전자가 다 들어 있기에 '유전자 웅덩이(gene pool)'라고도 한다.

사람의 각 생식세포(난자와 정자)에 들어 있는 염색체(23개씩)를 구성하는 염기쌍(A-T, G-C)은 대략 30억 개이고 그것의 배열순서를 하나하나 밝히는 것이 이 계획인데(체세포 염색체는 46개이지만 짝을 이루는 상동염색체 중에서 그것의 반, 23개만 알면 된다), 묘하게도 이 계획에 드는 돈이 대략 30억 달러라고 한다(염기 하나의 자리를 알아내는 데 1달러가 든다!?). 이 계획은 1990년에 시작하여 2005년에 끝내게 되어 있는데(불행하게도 우리나라는 여기에 참여하지 못함), 이 계획은 미국 서부 샌프란시스코에서 뉴욕까지 모든 골짜기와 언덕에 나 있는 나무 한 그루 풀 한 포기까지 자투리 하나 없이 일일이 모아 기록하는 것만큼이나 긴 시간과 많은 돈이 드는 계획이다. 신(창조주)의 작품을 감히 건드리는 일로, 생명물질의 본적(뿌리)을 죄다 샅샅이 훑어보겠다는 야심 그득 찬 계획인 것이다.

유전자 특허를 낸다?

그런데 사람의 DNA 중에서 97퍼센트는 단백질을 만드는 데 관여하지 않는 유전자이고(인트론, intron) 나머지 3퍼센트만이 직접 단백질을 만드는 유전자(엑손, exon)이니 후자의 암호만 해독하면 되며 따라서 돈도 절약하고 시기도 훨씬 단축할 수 있다는 이론이 있어 왔다. 그리고 실제로 미국의 벤터(Craig Venter)가 그 이론을 적용하여 2001년에 엉성하게나마 인간게놈계획을 앞당겨 완성했다. 그 이후 여러 나라가 함께 참여한 게놈계획도 전산시스템과 염기판독기술이 발달하여 2003년에 끝났고, 지금은 확인 작업을 하고 있는 중이다. 또한 사람을 다치고 죽게 하는 주된 병은 20여 가지이고 거기에 관계하는 유전자는 단지 200개에 지나지 않으니 그것만 골라서 분석하고, 염기 서열을 알아내면 된다고 주장하는 학자도 있다. 그렇다고 어벌쩡하게 겉핥기로 넘어가는 것은 아니다.

사실 이 연구는 생명의 본질을 알고자 하는 것이 주목적으로, 이왕이면 돈을 적게 들이면서도 빨리 DNA 염기 순서를 알아내기 위해 수많은 학자들이 부단한 노력을 해 왔다. 그중에서도 앞에서 말한 벤터는 자동으로 염기 순서를 찾는 기계(automated gene sequencer)를 만들었고 이로 인해 더 빨리 암호를 풀 수 있게 되면서 '유전자 사냥꾼(gene hunter)'이라는 별명이 붙었으며 DNA 분석에 남다른 커다란 공을 세웠다.

그는 이미 위염을 일으키는 세균인 헬리코박터 파이로리[*Helicobacter pylori*], 매독균[*Syphilis*], 유행성뇌염균인 헤모필루스 인플루엔자[*Haemophilus influenzae*] 등의 유전자지도(DNA 염기 배열 순서)를 밝혀 놓고 있다. 아마도 이 원고가 책이 되어 나갈 즈음이면 어떤 일이 또 새로 일어날지 필자도 가늠하기 어렵다. 너무도 재빠르게 달려가는 생물학 세계라서 하는 말이다. 여러 생물들의 염기 서열(순서)을 찾는 싸움이 치열하다. 눈에 불을 켜고 달려든다는 말이 더 맞을 듯하다.

예를 하나 더 보자. 근래에는 전체 몸길이가 고작 1밀리미터에 몸을 구성하는 세포는 959개밖에 안 되는, 선충의 일종인 예쁜이선충[*Caenorhabditis elegans*]이라는 벌레의 유전자를 모두 해독했다고 한다. 이 선충의 유전자는 1만 9,099개이고 이것을 구성하는 DNA 염기쌍은 모두 9,700만 개인데 이 염기쌍의 순서를 다 밝혀낸 것이다. 이 벌레가 갖는 전체 유전자의 약 40퍼센트가 사람의 유전자와 같다고 하니 '미물'과 '만물의 영장'이 그리 다르지 않다는 생각이 든다. 정녕 세포 한 개짜리, 눈에도 보이지 않는 저 세균 한 마리가 진화하여 내가 된 것일까?

그리고 이제는 자기가 발견한 유전자에 특허를 내는 일까지 나타나고 있다. 하여, DNA 조각 하나에서 돈이 쏟아지는 일이 벌어질 판이다. 또 핵산분석기술이 발달해 르윈스키(Lewinsky)의 옷에 묻은 정액과 클린턴 피의 DNA를 분석하여 그것이 동일하다는 것을 판명하는 것은 여반장(如反掌)이요, 식은 죽 먹기가 되어 버렸다. 머지않아 생명보험 회사가 개인의 유전 정보를 죄다 입수해 사람에 따라(유전자를 보고 건강도를 알아내어) 보험료를 차등을 두어 요구하게 될지 모른다. 그리고 그 옛날

미국과 독일에서 '우생학(優生學, eugenics)'이라는 이름으로 열성인자를 가진 사람을 거세(去勢)했던 반인륜적인 일이 금세기에 와서도 재발할 가능성이 있다고 우려하는 사람도 있다. 이런 일 말고 앞으로는 아이의 용모, 지능, 키도 마음대로 시루떡 자르듯 '재단한 아이(designed baby)'를 만들 수도 있다. 또 태아의 유전자를 분석하여 미리 병을 예방하고 치료하는 유전자 치료법도 이미 실용되고 있는 실정이다. 이렇게 현대과학을 떠벌려 과장하기도 뭣하지만 그렇다고 입 꽉 다물고 별것 아니라고 과소평가하기도 그렇다. 태산 같은 자부심을 갖되 누운 풀처럼 자기를 낮추라고 했는데, 그림자 같아서 끊을 수 없는 것이 괴물(monster) 과학이라……

다 잘 알다시피 사람마다 서로 다른 것은 한마디로 게놈의 차이 때문이다. 결국 개인이나 인종, 종족, 민족 사이에 유전자가 다 다르다는 말이다. 이 세상에 까닭 없는 일은 없는 법이다. 2003년 10월 9일자, 〈조선일보〉에 쓴 김규찬 박사의 「시론」은 이 문제를 더욱 실감나게 설명하고 있다.

게놈프로젝트의 완성으로 가능해진 게놈의학(Genomic Medicine)의 장점은 두 가지로 압축된다. 우선 병이 발생하기 전에 적극적인 예방조치를 취함으로써 그 병이 발생하지 않게 하거나, 발생하더라도 초기에 진단함으로써 완치율을 높이고 합병증을 최소화하는 소위 '예측·예방의학'이다.

둘째는 같은 병이라 하더라도 개인의 유전적 특성에 따라 가장 적합한 치료 방법을 채택함으로써 완치율과 예후를 획기적으로 개선하는 소위 '맞춤의학'이다. 이 같은 '신 의학'은 가까운 장래에 경험에 의존해 온 현재의 의학을 혁명적으로 대체할 것이 분명하다.

이 의학혁명은 기술에 대한 높은 반대급부, 즉 고비용 지출을 전제하고 있다. 우리나라 사람은 세계 그 어느 민족보다 최신 의학에 대한 욕구가 강하므로, 당연히 의료비 지출은 수년 내에 천문학적으로 폭증할 전망이다. 외국 거대기업에 생사여탈권(生死與奪權)을 박탈당한 채 막대한 국부가 속수무책 유출되는 상황이 조만간 빚어진다는 얘기이다. 이를 막는 방법은 우리 스스로 그 같은 기술을 개발하는 길뿐이다. 물론 우리가 인간유전자 전체에 대한 경쟁에서 외국의 거대기업들과 맞설 수는 없다. 이미 늦었다.

그러나 다행인 점은 인간유전자구조에는 인종, 민족, 종족 간의 차이가 존재하며, 바로 그 같은 차이가 환경적 특성과 결부되어 질병 발생 양상을 결정한다는 가설이 사실로 확인되고 있다는 것이다. 따라서 최소한 틈새시장으로 우리 스스로 한국인 유전자구조를 밝혀낼 기회는 아직도 남아 있는 셈이다. 이젠 우물쭈물하지 말고 우리 민족의 유전자구조에 대한 특성 규명에 우리의 시간과 자본을 투자해야 한다. 그리고 이 같은 연구의 주체는 선진국처럼 국가가 되어야 한다. 국가는 당장 정부차원의 유전자 연구 육성 전략을 수립해야 하며, 현재 산(産)학(學)연(硏)에서 각개약진 형태로 분산 진행되고 있는 여러 연구 프로젝트들을 재정비, 통합해야 한다.

이 같은 연구 기반을 다지려면 2,000억 원 이상의 직접 투자가 지금 당장 이뤄져야 한다. 물론 엄청난 돈이지만 연구가 성공적으로 진행되면 현재 의료비용의 30퍼센트 정도를 절감할 수 있을 것으로 보인다. 2002년 기준 15조 원의 이익을 얻을 수 있다는 말이다. 더 이상 장고(長考)할 시간이 없다. 외국의 거대기업들은 벌써부터 한국인의 유전자구조를 활용한 유전자 의학기술 개발에 큰 관심을 표명하고 있다. 만약 우리가 우물쭈물하는 동안 그들이 대규모 자본을 투입해 한국인의 유전자를 분석하고, 이를 기반으로 하는 신기술을 특허화하게 되면 우리는 우리의 생명을 송두리째 외국 거대기업에 맡겨야 하는 상황에 직면하게 된다.

세계보건기구(WHO) 제111차 이사회에 제출된 보고서「유전자 연구와 세계 보건」은 '모든 회원국이 사회, 정치, 경제적 자원을 총동원해서…(중략)…인간유전자(게놈) 연구를 위한 신규 기관을 설립하거나 기존 기관을 강화할 것'을 강력히 권고하고 있다. 또 이 보고서는 '모든 회원국이 인간유전자 연구의 여러 혜택을 골고루 얻을 수 있도록 세계보건기구가 노력하고, 특히 사무총장은 선진국이 독점하고 있는 인간유전자 특허권에 의한 고비용 문제와 다수의 회원국들이 혜택을 받지 못할 가능성을 해소하기 위해 많은 노력을 경주할 것'을 촉구하고 있다. 향후 5년 이내에 우리가 성공적으로 독창적 기술을 확보하기 위한 기반을 갖출 것인지, 아니면 지금과 같이 외국의 기술 지배력에 종속되어 국부 유출만을 계속 한탄하게 될 것인지에 대한 승부가 판가름 날 것으로 예상된다. 바로 지금이 심각한 위기인 동시에 다시없는 기회임을 우리 모두 깊이 인식해야 한다.

탁견(卓見)을 쏟아 놓은 이 글을 읽으면서 우리가 들판에 버려진 허름한 잡초나 야생화가 아닌가 하는 생각이 든다. 이 글은 왜 우리가 토종(土種)을 잘 보호하고 끝까지 거머쥐고 있어야 하는지 설명해 주고 있다. 신약개발이나 품종개량에 쓰일 그것들을 남에게 넘겨줘서는 안 되는 이유가 거기에 있었다. 신토불이(身土不二), 어느 생물이나 그가 처한 환경에 맞춰 아우르며 살고 있다는 말이 예사롭게 들리지 않는구려! 파란만장한 세월, 유구한 세월을 거치면서도 꿋꿋이 제자리를 지키면서 그들은 살아왔고 또 살아갈 것이다.

아들과 딸을 선택한다

핵산의 응용 이야기는 한도 끝도 없다. 미국의 신참 군인들은 이미 목에 군번을 달고 있었지만 1992년부터는 만일의 사고에 대비하여 개인마다 피와 조직을 떼어서 핵산 분석 즉, '유전자 군번(genetic dog tag)'을 준비해 뒀다고 한다. 과학의 발달 속도가 우리가 느끼는 것보다 훨씬 빠르다. 우리도 밤낮으로 한다고는 하지만, 거북이가 풋잠 자는 사이에 토끼가 냅다 지르밟고 뛰는 꼴이 아닌지 모르겠다. 시새워서 또 지레 겁먹고 하는 말이 아니다. 강대국이라는 나라는 하나같이 날도깨비 같은 과학으로 중무장하고 있으니 하는 말이다.

아따 좋을시고! 이제 아들과 딸 정도는 마음대로 구별하여 낳을 수가 있다고 하니 이 또한 창조주(삼신할머니)의 신통력에 도전하는 것이 아니겠는가. 몹쓸 사람들이라니! 정자는 성염색체 X를 가진 놈과 Y를 가진 놈이 있어서 전자가 난자와 수정하면 딸이 되고 후자가 난자와 수정하면 아들이 된다는 것은 삼척동자도 다 안다. 이들 정자를 독성이 없고, 빛에 민감한 형광물감으로 염색해 특수한 광선을 비추면 서로 구분이 된다고 한다. 물론 현미경하에서 일어나는 일이다. X 염색체는 Y 염색체보다 DNA를 2.8퍼센트 많이 가지고 있어서 X 염색체를 가진 놈이 밝게 보인다. 그리고 움직임을 보면 Y 염색체를 가진 정자가 좀 더 빠르게 운동한다. 그것을 분리기로 따로 모아서 인공수정을 시킨다는 것이다. 한국, 인도, 중국과 같은 남아선호사상이 강한 나라에서는 이 기술을 불법으로 사용할 가능성이 있어서 과학을 악용하는 예가 될지도 모르겠다.

아들딸이 뭐란 말인가. 무자식이 상팔자라 하지만 자식이 없는 사람은 무슨 수를 써서라도 종족보전을 하려 한다. 그리스 사람들은 아들을 낳겠다고 왼쪽 고환(睾丸)을 묶었고, 옛날 독일에서 아들이기를 바라는 사람은 도끼를 베개 밑에, 딸이길 바라는 사람은 가위를 넣고 잤다고 한다. 시대와 인종 구별 없이 아들 낳자는 데는 하나도 다를 게 없다. 그런데 서양 사람들도 이상적인 가정은 역시 첫째 아이가 아들일 때라고 믿고 있다고 하니 인간의 본성, 아니 욕심은 대차가 없는 것이리라.

과학의 역사를 새로 쓴 돌리

이제는 암놈(우) 양(羊) 돌리(Dolly)의 탄생과정을 살펴보자. "무엇보다 체세포는 회귀성(回歸性)이 없기에 새로운 재발생은 불가능하다."는 불가소성(不可塑性)이 발생학의 기본 학설이었다. 그런데 돌리 탄생이 이를 뒤집어 놓았고 이는 세계의 학자들을 무척 경악케 했다. 영국 에든버러의 로슬린 연구소에서, 1996년 7월 5일 오후 5시에 체중 6.6킬로그램의 핀도셋 종(種)인 새끼 양 한 마리가 머리와 앞다리를 먼저 내밀고 세상에 나온다. 과학의 역사가 새로 쓰이는 긴박한 순간이다. 사람은 머리를 먼저 밀고 나오지만, 나오자마자 뜀박질을 하는 소나 양은 앞발을 먼저 내민다. 아무튼 첫 복제동물인 돌리가 태어나는 순간이다. 돌리라는 이름은 어미의 젖샘세포(물론 체세포)에서 복제된 것을 강조하기 위하여 젖가슴이 큰 것으로 유명한 미국의 컨트리음악 가수 돌리 파튼(Dolly Parton)의 이름을 따서 붙인 것이라고 한다. 과학을 하는 사람들은 의외로 다재다능

(多才多能)하여 예술의 세계에도 눈을 놓지 않는다.

여기선 돌리를 탄생시킨 실험의 일부를 아주 간단히 기술해 보겠다. 6년생 어미 양에서, 세포분열이 매우 왕성한 젖꼭지의 세포(체세포)를 떼어서 일주일을 굶겨 세포분열을 정지시킨 다음 핵을 떼 낸다. 그리고 그것을, 핵을 제거한 미수정란(未受精卵) 가까이 갖다 놓는다. 그런 후 약한 전기를 단속적으로 통하면(정자가 난자를 뚫을 때의 자극을 전기로 대신하는 것이다) 미수정란 속으로 핵이 들어가는데 이때 세포분열을 촉진시키는 화학물질을 첨가한다. 마지막으로 일주일 후에 이것을 대리모의 자궁에 착상시킨다. 이렇게 하여 태어난 놈이 바로 돌리이다.

하지만 성공률은 1~2퍼센트로, 277번째 시도한 끝에 기적적으로 돌리가 탄생한 것이니 그때까지의 시행착오도 이루 말할 수가 없다. 어쨌거나 이런 과학의 기념비적인 성공을 있게 한 윌머트(Ian Wilmut) 박사는 이 업적으로 온 세상의 주목을 받기에 이른다. 물론 저절로 굴러온 영예(榮譽)가 아니다. 각고의 노력 덕이다. "산에 오를 때는 어느 신(神)도 도와주지 않고, 내려올 때는 여러 신이 도와준다."라고 한다. 오르막의 고난 뒤에 내리막의 편함이 있는 법. "눈썹도 뽑아 버리고 싶다."라는 산 오름의 고통 끝에 얻은 값진 영광이었다! 고진감래(苦盡甘來)요 흥진비래(興盡悲來)라고, 고생 끝에 낙이 오고 즐거움이 다하면 슬픔이 온다! 과학자는 정복욕이 강하고, 도전적이며 모험

적이다. 게다가 독하기 짝이 없다. 한다면 해내고야 마는 독종(毒種)이 과학하는 사람들의 공통점이다.

거기에 끝나지 않고, 복제양 돌리는 데이비드(David)와 짝지어 정상적으로 임신을 하여 새끼 '보니(Bonnie)'를 낳았다. 복제된 양이지만 지극히 정상이라는 것을 증명하는 대목이다. 그런데 이 돌리의 건강과 수명이 정상으로 태어난 또래들과 어떤 차이를 보였을까. 그 뒤에 돌리의 염색체를 분석한 결과, 여섯 살 된 어미의 세포를 쓴 탓에 이미 염색체(DNA)의 끝 부분(염색체의 말단부를 텔러미어(telomere)라 부름)이 많이 짧아져 있었고, 때문에 오래 살지 못한다는 결론이 내려졌다. 예상이 맞아떨어져서 오랫동안 퇴행성관절염에 시달리던 돌리는 2003년 2월 15일에 죽는다. 보통 양의 평균수명이 12세 정도라고 볼 때 6년 반을 살았으니 제명을 다한 셈이다. 즉, 어미 나이 6세를 안고서 6년 반을 더 살았다는 뜻이다.

설 때 궂긴 아이가 낳을 때도 궂긴다고, 기구한 운명으로 태어난 돌리는 늙어서 폐렴에 걸리게 되었고 결국 회생 불가능 판정이 내려져 안락사(安樂死)되었다고 한다. 탄생의 소식은 대문짝만 하게 신문을 덮었던 그녀! 반대로 영면(永眠) 소식은 깨알만 하게 실렸다. 아직도 돌리가 살아 있는 것으로 아는 사람이 대부분일 것이다. 세상사가 다 그런 거지만……. 과학의 역사를 새로 쓰게 한 돌리의 죽음을 애도하노라! 그리고 돌리

가 태어났을 때 한쪽에서는 그때 사용한 체세포는 젖꼭지세포
가 아니라 돌리 어미가 그 이전에 임신했을 때 피 속에 남아
있었던 언니의 태아세포일 가능성이 있다는 반론도 있었으나
DNA 분석으로 어미의 젖샘세포가 확실한 것으로 판명되었다
고 한다.

돌리를 성공시킨 월머트는 다음에 젖샘세포가 아닌, 발생 중
인 9일 된 양의 배(胚, embryo)세포를 떼 내어서 동일한 조작법
으로 또 다른 복제양(複製羊)을 얻었다고도 한다. 배세포는 분
열이 몇 번밖에 일어나지 않는 것이라 성공률이 훨씬 높다. 그
래서 이제는 여러 동물에서 아주 흔하게 시술하고 있다. 또 젖
샘세포 대신 쥐의 난소 둘레를 싸고 있는, 성장을 정지한 체세
포인 난구세포의 핵을 사용하여(돌리를 만들 듯) 쥐를 성공적으
로 복제하고 있다.

그런데 보통 사람의 체세포는 50회 정도 분열하면 염색체의
끝 부분에 있는 DNA의 가닥인 텔러미어가 구두끈의 끝 자락
이 닳아빠지듯 마모되어 버려 세포분열이 정지된다(‘Hayflick
limit’라고 부른다). 이렇게 모든 세포는 분열의 횟수가 한정되어
있다. 더 이상 분열을 못하는 세포는 죽을 준비를 해야 하는
법. 그런데 놀랍게도 그 세포에 텔러머라제(telomerase)라는 효
소를 넣었더니 20회나 더 분열을 계속하였다고 한다. 저 슈퍼
세포인 암세포는 바로 이 효소를 가지고 있어서 끊임없이 분

열을 계속한다는 것이다. 그래서 난할 중인 32~64세포기에 도달한 간(幹)세포(줄기세포)에서 이 효소를 얻어 병든 조직이나 기관에 주사해 영생(永生)케 하겠다고 과학자들은 생각하고 있다. 텔러머라제가 단연 불로장생(不老長生), 장생불사약(長生不死藥)이다! 알고 보니 줄기세포에서 효소만 뽑는 것이 아니었다. 어미 탯줄혈액(제대혈)에 있는 줄기세포를 잘 보관해 두었다가 그것을 이식하여 백혈병이나 암 등을 치료하는 일이 실용 단계에 와 있다!

세계에 뒤지지 않는 우리의 복제기술

과학은 총알 없는 무기와 같아서 세계적으로 복제기술 싸움이 한창이다. 실제로 우리나라에서도 복제 젖소에 이어서 복제 한우, 복제 개도 탄생시키고 있다. 복제 젖소는 암소의 자궁세포(역시 체세포임)의 핵을 떼어서 핵을 제거한 난자에 넣었고(돌리를 만든 기술과 대차 없음), 복제 한우는 980킬로그램이나 되는 슈퍼 황소 귀(耳)의 체세포 핵을 이식하여 얻었다고 한다. 만일에 필자의 체세포를 썼다면 당연히 필자를 닮은 남자이다.

과학은 국력에 비례하는 것이라 우리도 만만하게 볼 수가 없는 나라임을 이런 체세포 복제기술 하나에서도 느낀다. 여러 번 강조하지만 과학은 돈과 교육의 힘이고 그것이 국력이 되는 것이다. 이공계 공부가 싫다고 책가방 싸서 고시원이나

의대로 자리를 옮긴다는데……, 비통하도다! 좋다면 다 가거라. 남은 우리가 지킬 터. 인생은 짧지만은 않으니, 그 졸부 근성을 탓할 뿐이다.

그건 그렇고 드디어 이렇게 축적된 기술을 사람에게까지 대입하는 지경에 이르렀다. 즉, 특수한 재질을 지닌 아인슈타인과 같은 과학자나 예술가, 운동선수의 체세포에서 핵을 얻어서 미수정란에 집어넣어 대리모에 키우는 복제인간(copied baby)을 만들겠다고 벼르고 있으니 말이다. 그러나 복제에 사용한 어미(아비)세포가 얼마나 늙었느냐 하는 것도 문제이다(어느 세포나 '나이의 시계'를 갖는다).

복제양 돌리는 여섯 살 먹은(늙은) 어미의 세포에서 복제된 놈이라 다른 양에 비해서 실제로 반밖에 살지 못하고 죽었다. 복제양 돌리의 사망 원인을 알고 난 독자 여러분은 생각이 많이 달라졌을 것이다. 아니, 달라져야 한다. 아인슈타인을 복제하면 어떤 일이 일어날 것인지 잘 알고 있으니 말이다. 복제인간 너무 좋아할 일이 아니다. 아무리 좋은 '공주산 밀초'라도 심지가 좋지 못하면 제대로 촛불을 발하지 못한다. 근본적이고 원론적인 것을 중시해야 하는 법.

여기에서 우리는 일란성쌍생아(一卵性雙生兒) 이야기를 덧붙이지 않을 수 없다. 우선 일란성은 한 개의 수정된 난자가 난할 중에 아메바가 이분법으로 잘리듯이 나뉘어 생긴 것이다.

이란성쌍생아(二卵性雙生兒)는 두 개의 난자가 각각 따로 수정하여 자란 것이다. 그래서 이란성쌍생아는 성(sex)과 얼굴 생김새도 다르다(일란성과 이란성의 출생 비율은 대략 3 대 7이다. 허참, 거기도 삼칠제로군!?). 일란성쌍생아는 하나하나의 할구(난할 중인 세포)가, 완전한 개체가 될 염색체(유전물질, DNA)를 다 가지고 있다는 것을 증명하고 있다.

사람의 수정란이 난할을 시작하여 두 개의 세포(할구)가 되었을 때 어떤 이유인가로(아무도 그것을 모른다) 그것들이 따로 떨어져 각각 성장을 하여 두 아이가 태어난다. 이들은 말 그대로 복제된 것처럼 성(sex)이나 얼굴까지 닮는다. 그러나 둘이 유전적으로 같다는 말일 뿐 부모와 같다는 말은 아니다. 사람의 수정란을 8세포기까지 배양하고 그것을 하나하나 분리하여 대리모에 키우면 똑같은 아이가 여덟 명 나오지 않는가.

실제로 우리나라에서도 유전적으로 좋은 소를 골라 체외수정을 시켜 시험관에서 배양하면서 여러 개의 세포를 분리한 후 대리모에 넣어 여러 마리의 송아지를 얻고 있다. 이것도 새끼끼리 닮은 것이지 어미와 닮은 복제 새끼는 아니다. 어쨌거나 동물에 이런 과학기술을 응용하는 것은 과학의 밝은 면이라 하겠다.

과학의 종착지는 과연 어디란 말인가. 아! 두렵다, 두려워. 이 무서운 세상이. 천연덕스럽게 과학나부랭이가 뭔지 모른다고

시치미 뚝 떼고 나 몰라라 하고 살 수 없는 세상! 한마디로 과
학자는 미지의 세계를 만나면 사족을 못 쓰는, 모험을 좋아하
는 사냥꾼들이라 어떤 일을 저지를지 모른다. 하지만 종교나
사회 전체의 안전판이 있으니 복제인간 이야기에 너무 겁낼
필요는 없다. 우리의 호오(好惡)에 관계없이 과학은 앞으로만
갈 줄 아는 본새가 있음을 알아 둬도 좋을 듯. 삼가고 삼가 부
디 좋은 쪽으로만 가라, 우리 과학아! 유혹의 수렁에 빠지지 말
고 지지(知止), 과분(過分)을 두려워하여 그침을 알지어다. 소귀
에 경 읽기인 줄 알면서도…….

신의 영역에 도전하는 과학

어느 것 하나 그렇지 않은 것이 없지만 과학에는 특히 거짓
이 있어선 안 된다. 왜냐하면 반드시 다른 학자들이(연구실에
서) 같은 실험방법으로 확인하기 때문이다. 독자들도 잘 아는
바와 같이 '황우석 사건'에 대한 이야기다. 공명심이 앞서고, 또
남보다 먼저 결과를 발표하려 일어난 일이 아니던가. 본인
은 말할 것도 없고, 나라까지 망신을 시키고 말았다. 조금만 더
근신하고 신독했으면 좋았을 것을. 사람은 미워도 그 사람이
이룬 업적은 인정해야 할 것이다. 죄는 미워도 사람은 미워하
지 말라고 했던가.

다음은 글은 <조선일보> 김철중 의학전문기자의 글('인간복

제 클리닉 개업하는 날')이다.

이 기사를 통해 무엇이 문제가 되었는지 살펴보자.

신(神)의 영역에 도전하는 21세기 생명의학은 이미 그 금기(禁忌)를 넘어서고 있다. 신이 아닌 인간이 새로운 생명체를 만들어 가고 있는 것이다.

서울대 수의학과 황우석 교수팀이 세계 최초로 인간 배아(胚芽)를 복제해 거기서 배아 줄기세포를 만드는데 성공, 전 세계적으로 화제와 함께 치열한 윤리적 논란을 뿌리고 있다. 황 교수의 이번 연구는 애초부터 동전의 양면(兩面) 같은 것이었다. 복제된 인간 배아를 여성의 자궁에 이식하면 복제인간이 탄생하는 것이고, 그렇지 않고 이번처럼 배아 줄기세포(stem cell) 부분만 떼어 내 실험실에서 키우면 난치병 환자에게 필요한 장기이식 재료가 되는 것이다.

이 같은 윤리적 논란은 생식세포 조작기술을 이용해 불임치료를 할 때부터 태동했다. 1978년 실험실에서 정자와 난자를 수정시켜 만든 '시험관 아기'가 탄생했을 때 그것은 신의 영역에 대한 도전이었다. 남자와 여자 간의 섹스 없이도 생명이 탄생할 수 있다는 것을 의미했기 때문이다. 이후 그 기술은 시험관에서 난자 안으로 정자를 밀어 넣어 수정란을 만드는 '정자 주입술'로까지 발전했으며, 그것은 이제 불임치료의 기본이 됐다.

하지만 생식세포가 아닌 이미 성숙된 체세포(體細胞)로 새로운 생명을 창출하는 것은 불가능한 일로 알았다. 그러나 그것은 순진한 생각이었다. 1997년 영국 로슬린 연구소의 윌머트 박사는 성장한 양(羊)의 체세포(젖샘세포)를 떼어 난자의 핵과 바꿔치는 '핵치환' 방식으로, 새로운 생명체 복제양 '돌리'를 만들었다. 그것은 남·여 유전자가 반반 섞이는 유성(有性)생식에 의한 생명체가 아닌, 한쪽 유전자만 온전히 갖는 무성생식 생명체를 의미했다. 세포의 분화과정을 거꾸로 돌린 '코페르니쿠스적 전환'이기도 했다. 그후 복제동물은 생쥐·소·돼지뿐만 아니라 원숭이 등 포유류를 거치면서 인간의 턱밑까지 쫓아왔다.

하지만 얼마 전까지만 해도 인간세포는 그렇게 될 수 없을 줄 알았다. 그런 순진한 생각은 황 교수팀의 연구로 깨졌다. 인간도 복제양 돌리와 같은 방식의 생명이 창출될 수 있다는 것이 입증된 것이다.

이제 우리는 새로운 생명 창조 방식을 어떻게 받아들여야 할지 진지하게 고민해야 할 때이다. 과연 수많은 난치병 환자에게 복음과 같은 혁명인지, 아니면 생명 창조와 관련된 인류의 마지막 터부를 깨뜨린 것인지 말이다.

시험관 아기가 처음 태어났을 때 인류는 '신에 대한 도전'이냐 '불임부부를 위한 축복'이냐를 놓고 뜨거운 윤리적 논란을 벌였다. 하지만 이제 시험관 아기는 당연한 것쯤으로 받아들이고 있으며, 26년이 지난 지금 국내에는 90여 개의 불임클리닉이 성황이다.

현재의 생명의학 발전 속도를 봐서 앞으로 10여 년 후면 배아 줄기세포 클리닉이 전국 곳곳에 들어설지도 모른다. 그렇게 되면 당뇨병 환자는 자신의 세포로 배아를 복제해서 췌장세포를 만들어 달라고 할 것이고, 심장병 환자는 심장세포를, 뇌를 다친 사람은 자신의 뇌세포를 복제해 달라고 할 것이다. 또한 누구나 그것을 당연한 치료로 받아들일 것이다.

이처럼 생명의학기술의 발달은 인간의 윤리적 한계를 하나하나씩 무너뜨리고 있으며 삶의 패러다임도 바꿔 놓고 있다. 그 변화 속도가 놀랍지만 한편으로 두렵기도 하다.

이 글은 '황우석 사건'이 무엇이었던가를 알아볼 수 있는 근거가 된다. 문제가 된 것은 바로 황우석 교수가 "세계 최초로 인간 배아를 복제해 배아 줄기세포"를 만들었다는 대목이다. 실제로는 성공하지 못했으면서도 성공한 것으로 논문을 냈던 것이다. 그런데 지금 온 세계의 연구실에서 벌이는 싸움이 바로 이것이다. 우리도 여기서 실망하지 말고 어서 빨리 달려가야 한다. 그리고 우리의 부끄러움이 스스로 지우지 않으면 안 되는 부담이요 임무임을 알아야 한다.

난자 확보와 윤리성의 문제

사실 복제 문제는 우리만의 문제가 아니고 세계적인 문제다. 종교계에서도 논란이 뜨거워 가톨릭에서는 안 된다, 불교에서는 문제없다로 의견이 각기 다르다. 사람을 대상으로 하는 실험이라 난자를 얻는 것도 윤리적인 문제를 내포한다. '황우석 사건'의 또 한 가지는 어떻게 그 많은 난자를 쉽게 얻을 수 있었느냐 하는 것이다. 결국 실험이 완전하지 못했던 것과 난자 문제가 논란이 되었으니 이것이 사건의 핵이다.

그러나 황 교수의 연구가 모두 엉터리는 아니었다는 점을 알아야 할 것이다. 무조건 '죽일 놈'으로 폄하할 일만은 아니다. 좀 더 쉽게 이야기해 보자. 제공받은 난자에서 핵(核)을 뽑아내고 그 자리에 성숙한 체세포의 핵을 떼 내어서 집어넣는다. 이 기술은 여러 개의 세계적인 특허를 받았을 것이다. 이때 보통은 아주 가는 피펫으로 핵을 빨아내는데, 황 교수팀은 난자의 막에 일단 구멍을 내고 나서 바늘(피펫)로 눌러서 핵을 뽑았을 것이라고 우리는 추정하고 있다. 이렇게 뽑는 데 걸리는 시간도 1분이면 족하다고 한다. 서양인들이 5분 이상 걸리는 데 비해 우리는 후딱! 그래서 핵이 다치거나 상하는 것을 예방할 수가 있었다는 것! 당연한 이야기이지만 과학자들은 아주 욕심쟁이라 절대로 중요한 실험 비법은 밝히지 않는다.

풍부한 난자에 뛰어난 손기술(젓가락을 써서 그렇다고들 했다. 무시하지 못할 일임)을 접목하여 개가를 올렸다고 결론지어 놓자.

다음은 실험 과정을 간략하게 설명하고자 한다. 일단 사람의 난자에서 핵(n, 23개의 염색체)을 제거하고, 성숙한 체세포의 핵

(2n, 46개의 염색체)을 떼어 집어넣는다. 그 다음에는 전기 자극을 주어서 난할이 일어나게 하는 등 돌리의 탄생 과정과 대차가 없을 것으로 본다. 세포는 난할을 하여서 200여 개의 세포를 가진 배반포가 된다. 그 속의 세포를 '줄기세포(stem cell)'라 부른다. 이 세포를 떼 내어서 배양접시에 옮겨 계속 키우는 데까지 성공한 것이다. 미성숙한 이 세포 덩어리를 환자의 몸에 넣으면 거기서 새로운 조직이 형성되어 치료가 가능해진다는 것이다. 다시 말하지만 만일 이 실험에서 분열하는 세포를 자궁에 착상시켰다면 '복제인간'이 태어났을 것이다.

사실 '황우석 사건'은 많은 아쉬움을 남겼다. 조금만 더 신중했더라면 '세계사에도 영원히 기록될 대업(大業)'이 되었을 것인데, 그만 중도에 멈추고 말았다는 것이다. 그러나 '황우석 사건'은 후학들에 좋은 모범이 될 것이다. 과학에는 절대로 거짓말이 통하지 않는다는 점을 뼈저리게 느끼게 했다는 것. 미완의 일을 반드시 우리 손으로 일궈 내야 하겠는데……. 불철주야 연구에 전념하는 여러분들의 건투를 빈다!

고뿔과 사스의 주범은 죄다 바이러스이다 

아이들을 키우다 보면 감기 없는 세상에서 살았으면 하는 생각을 자주 하게 된다. 콧물 질질 흘리면서 콜록거리고, 몸은 불덩어리가 되어서 소금 먹은 배추 꼴로 맥없이 보채는 모습을 보고 있노라면 안쓰럽기 짝이 없다. 왜 아니겠는가. 대신 아파해 줄 수만 있다면 하는 마음이 들기 마련이다. 그러나 어쩌랴, 평생에 누구나 300번 넘게 그놈의 감기바이러스에 시달려야 하는 것을. 누군가는 아플 수 있어 좋다고 했다. 여기서는 실연(失戀)의 아픔을 말하는 것이지만, 아이들도 한번 열을 앓고 나면 머리가 또랑또랑해진다고 하여 '지혜열'이라 하지 않는가. 아픈 만큼 성숙한다는 말이 결코 진부하지만은 않다. 그런데 도대체 바이러스라는 놈은 얼마나 지독하기에 감기는 저리 가라는, 면역성을 잃게 하는 에이즈까지 발병케 하는 것일까. 바이러스는 전자현미경으로나 봐야 겨우 보이는 세균보다 훨씬 더 작은 알갱이이다. 겉은 단백질 껍질로 쌓여 있고 안에는 핵산(DNA나 RNA)이 들어 있는 아주 간단한 구조로 되어 있어 우리는 바이러스를 세포라 부르지 않고 단지 '입자(粒子, particle)'라 부른다. 그런데 이 바이러스 입자가 우릴 애먹인다.

세상에 사람을 혼란에 빠뜨리는 일이 어디 한둘일까마는 우리들이 사용하는 과학용어도 뒤죽박죽이라 어느 장단에 춤을 춰야 할지 모르겠다. 괜히 트집을 잡으려는 것이 아니라 우리는 원칙에 약하다는 것을 꼬집으려고 하는 말이다. 이희승『국어사전』을 찾아보니 '바이러스(virus)'는 '비루스'의 영어 이름이라고만 해 놓고, '비루스'에 가 보면 "초현미경적 미립자(微粒子)로서 그 크기와 모양이 여러 가지로……", 이렇게 상세하게 설명이 나온다. 아무튼 생물의 전문용어도 문화의 급류에 휩쓸려 미국식으로 재빨리 바뀌고 있다는 뜻이다. 문화도 농도가 짙은 곳에서 옅은 곳으로 확산되어 가는 것이니 이런 물리현상을 막을 길이 없다.

일본만 해도 고집이 있어 학문의 정통성을 이어가려고 무진 애를 쓰고 힘을 쏟는다. 예를 들어, 독일식 발음인 '비루스'나 '에네르기(energy)'로 정해진 것을 바꿈 없이 그대로 쓰고 있는데 우리는 호도깝스럽게 어느새 미국식으로 넘어가서 '바이러스'나 '에너지'로 쓰기에 이르렀다. 비슷한 예로 알레르기

(allergy)를 알러지로, 링겔(Ringer)을 링거로도 혼용하고 있는 실
정이다. 줏대 없이 용어나 어휘까지도 미제(美製)를 선호한다.
요새 와서는 원래 써 왔던 '게놈'과 미국식 발음 '지놈'을 가지
고 야단법석을 떨고 있다. 이렇게 과학 세계에서도 '문화의 충
돌(collision)과 혼란(chaos)'이 거세다는 것을 말하고 싶다. 하기
야 '펑크(punctuation)'가 '빵구'로, '포크 커틀렛(pork cutlet)'의
pork(돼지)가 '돈(豚)'으로, "작게 저민다."는 뜻의 'cutlet'가 '까스'
로 변질되어 엉뚱하게 '돈까스'로 둔갑한 것보다는 낫다. 이 경
우는 일제(日製)를 너무 좋아하다가 이런 국적불명의 도깨비
말이 생겼는데, 우리는 멋(뜻)도 모르고 마냥 쓰고 있는 것이
다. 휴대전화도 마찬가지이다. 셀룰러폰(cellular phone), 모바일
폰(mobile phone)이 어느새 핸드폰(hand phone)으로 바뀐 것도
이 범주에 든다. 뭣도 모르고 송이 따러 가는 꼴이라 마음 한
구석이 찜찜하고 찝찔하다.

바이러스에 노벨상이 들어 있다

바이러스는(시류에 따름) 실제로 광학현미경으로는 보이지
않는 아주 작은 것으로, 전자현미경이라야 그 구조를 볼 수가
있다. 보통 크기는 20~400나노미터(1나노미터는 10억 분의 1미
터)로 가장 작은 세균보다도 작고 구조는 그것보다 못하다.
바이러스의 자기복제(自己複製)를 먼저 이해하자. 간단히 요

약하면 첫 번째, 숙주세포에 달라붙어서 세포막을 뚫는다. 상처 부위 때문에 2차 세균 감염도 일어난다. 두 번째, 단백질 껍질(허물)을 벗어 버리고 핵산(DNA, RNA)을 숙주세포 속에 넣는다. 세 번째, 바이러스의 DNA(유전자) 명령에 따라서 숙주세포는(바보처럼) 새로운 핵산과 단백질을 합성한다. RNA 바이러스의 경우는 RNA가 DNA를 만들고 나서 DNA의 명령을 따른다. 네 번째, 새로운 바이러스를 많이 합성하여서 숙주세포를 터뜨리고 밖으로 나온다. 이 여러 단계 중에서 어느 하나만 저해(방해)하면 이들의 번식을 차단할 수가 있는데 날고뛴다는 인간들이 이것 하나를 못하고 있다. 거기에 노벨상이 수없이 들어 있음을 알면서도 그게 그리 쉽지 않다는 것이다. 바이러스 세계의 오묘함이 거기에 있다. 얼추 잡을 듯, 잡힐 듯하여 세계의 학자들이 애간장을 태우고 있는 것이다.

헌데, 감기는 보통감기와 유행성감기 둘로 나눈다. 보통감기는 200여 종의 바이러스가 일으키며 이 바이러스는 또 크게 세 가지로 나뉘는데 감기바이러스(rhinovirus(RNA)) 75퍼센트, 코로나바이러스(coronavirus(RNA)) 15퍼센트, 아데노바이러스(adenovirus(DNA)) 10퍼센트 정도로 구성되어 있다. 참고로 TMV(담배모자이크바이러스) 등 식물에 기생하는 식물성 바이러스는 모두가 RNA 바이러스이다. 그리고 돌림병의 하나인 인플루엔자바이러스(Influenza virus)는 외줄(single strand)인 RNA가

여덟 조각(유전자가 여덟 개라 해도 좋다)이며 그것이 갖는 염기
는 모두 1만 3,534개이다. 2003년과 2004년의 돌림감기 증상이
다르다는 것은 바로 염기에 변화가 일어났다는 것을 말한다
(돌연변이). 여기서 염기란 아데닌(A), 구아닌(G), 시토신(C), 우
라실(U)을 말하는데, 1만 3,534개 중에서 하나만 바뀌어도 변종
(變種) 바이러스가 되는 것이니 얼마나 많은 종류가 존재할 수
있는지 알 수 있다.

　허나, 다행한 것은 이제 우리나라도 유행성감기 예방접종이
가능하다는 것이다. 바이러스를 달걀의 배(씨눈)에 접종하여
키운 후(번식시킨 후) 그것을 약화시켜(포르말린으로 비활성화시
킨다) 예방주사를 놓는다. 같은 종의 바이러스가 아니면 예방
효과가 없기 때문에 다음 해 어떤 종이 생길 것인지 예상하여
그 종(바이러스)을 키워서 항원(抗原)을 얻는다. 따라서 예견한
것이 유행하지 않으면 헛수고가 되고 만다. 이 약한 바이러스
(항원)를 주사하면 몸속에 항체(抗體)가 생겨 같은 바이러스가
들어오면 항체가 대항해 바이러스를 무력화시키거나 죽인다.
이 백신(vaccine)주사는 다른 여러 예방접종과 원리가 같다. 인
간과 병원균과의 싸움은 인류가 존재하는 한 평행선을 그리면
서 진행될 것이다. 앞서거니 뒤서거니 하면서 말이다.

　그런데 감기는 공기(호흡)로 옮는 것과 접촉(손)하여 감염되
는 비율이 서로 반반(50퍼센트)씩이다. 그러므로 감기를 예방하

려면 사람 많은 곳에 가지 말고 또 비누로 손을 자주 씻어야
한다. 그런데 손에 바이러스가 묻어 코나 눈으로 들어가 감기
에 걸린다는 말을 하면 당최 믿지 않으려 드는 시큰둥이가 많
아서 탈이다. 어른보다 어린이들이 감기에 자주 걸리는 것은
손으로 눈을 비빈다거나 콧구멍을 쑤실 때 손에 묻은 바이러
스가 점막세포에 곧장 들어가기 때문이다. 그래서 손과 가장
멀리 있어야 할 것이 눈과 코라는 것이다. 그리고 바이러스는
단단한 단백질 껍질이 싸고 있어서 햇빛의 센 자외선에도 끄
떡하지 않는다. 따라서 극지방만큼이나 기온이 내려가거나(그
곳은 그래서 감기가 없다) 열대지방만큼 기온이 올라가지 않고
는 그들을 죽이지 못한다.

  "고뿔도 남 안 준다."라는 말은 다랍게 아끼는 사람을 비유한
것이다. 그런데 약 먹는 것에도 이렇게 인색한 것이 좋다. 감기
기만 있어도 감기를 예방한답시고 이것저것 약을 먹으니 실로
망측한 일이요, 꽤나 어리석은 사람들이다. 아무리 타박을 줘
도 소용이 없으니 이 일을 어쩐담? 어디, 감기에 약이 있단 말
인가. 감기를 낳게 하는 약이라면 바이러스를 죽이는 약이라
는 말 아닌가. 바이러스를 잡는 약이 있다고? 그럼 노벨상 여럿
을 받았겠구나?! 이게 사실이라면 바이러스성인 에이즈는 벌
써 잡았을 것이나 유감스럽게도 아직 면역체도 못 만들어서
애를 태우고 있다지 않던가.

감기에는 절대로 약이 없다. 그래서 옛날부터 감기는 푹 쉬어서 낫게 하는 대증요법(對症療法)이 제일이라 했던 것이다. 눈, 코, 입, 숨관에 들어온 바이러스는 금방 점막세포 속으로 쏙 들어가 버리는데 무슨 수로 그놈을 잡는단 말인가. 사람세포는 다치게 하지 않고 돌림바이러스만 꼭 집어서 잡을(죽일) 수 있는 약이 아직 없다. "병은 잡았는데 환자는 죽었더라."라는 말이 있다. 그런 식이라면 바이러스를 잡는 것은 누워서 떡 먹기이다. 약에 의존하는 사람들은 예사로 듣지 말고 정신을 바짝 차려야 한다. 절대로 쓴 소리로 듣고 넘길 일이 아니다.

그러면 그 수많은 '감기 약'이란 무엇인가. 그것은 감기를 근본적으로 치료하는 약이 아니다. 단지 열, 콧물, 재채기 등 증상을 완화시켜 주고, 그 약에 들어 있는 독한 항생제는 세균의 2차 감염을 예방하는 것이다. 그런데 그 약들은 죄다 독이다. 독이 아닌 약이 있으면 대 봐라, 내놔 봐라. 그래서 어린이나 노약자는 감기 증상이 있으면 2차 감염 예방으로 약을 쓰는 것이 좋으나 건강한 사람들은 필자처럼 좀 미련하게 약 안 먹고 버텨 보는 것이 좋다. 어느 병이나 궁극적으로 낫게 하는 것은 약이 아니고 내 몸이니까. 약이란 단지 도와주는 보조제일 뿐이다. 재삼 말하지만 내 몸의 자가 치유능력을 믿어라. 약으로 병을 잡겠다는 사람은 '하지하책(下之下策)'이란 말을 곱씹어 봐야 할 것이다. 가장 형편없는 대책이란 말이렷다!

병을 친구처럼 여기자

좀 덧붙여 보자. 몸에 열이 난다는 것도 예사로운 일이 아니다. 몸에 병원균이 들어오면 제일 먼저 달려가는 것이 백혈구인데 이것은 우리 몸을 지키며 조금도 경계를 늦추지 않는다. 이들은 헌병이나 최전방 군인의 일을 맡아서 몸에 들어온 병원균을 허겁지겁 잡아먹는(식균, 食菌) 것은 물론이고, 그 와중에 "일이 벌어졌다(병원균의 침입)."는 신호도 다른 부대(곳)에 보낸다. 그 신호물질이 발열물질인 파이로젠(pyrogen)이다. 이것은 피를 타고 간뇌 아래에 있는 시상하부를 자극한다.

이 시상하부가 바로 우리 몸의 온도를 조절하는 중추로, 신호를 받은 즉시 온도 조절계의 눈금을 올려 몸의 보일러가 돌아가도록 한다. 병원균이 몸에 들어오면 체온을 일부러 올린다는 것은 생체를 보호하는 중요한 기능이다. 열로서 병원균의 힘을 빼고 기를 꺾는 한편, 간에서는 피 속의 철분을 회수한다. 그것이 부족하면 꼼짝달싹 못하는 세균을 이중으로 압박한다. 열로서 놈들에게 '맞장' 뜨는 것이다. 한마디로 건강한 사람은 열이 조금 나더라도 참고 견디는 것이 좋다는 말이다. "세균, 바이러스 놈들아, 뜨거워 죽겠지, 혼 좀 나 봐라." 하고.

그러나 노약자나 어린이는 체온 관리를 철저히 해야 한다. 고열이 나면 세균들이 죽어나는 것뿐만 아니라 뇌세포를 망가뜨리니 열을 내려줘야 한다. 한마디로 우리 몸에서 일어나는 모든 반응(열, 가려움, 아픔 등)은 곧 자기를 지키기 위한 귀중한 생체반응임을 알자는 것이다. 내 몸은 제가 알아서 다 한다. 이를 자가 치유(自家治癒)라 하는데 병에 쓰는 약은 도와줄 뿐, 근본적인 치료는 내 몸의 백혈구, 림프구, 그리고 항체들이 맡아 한다. 몸의 저항력이나 면역력은 다름 아닌 이것들이 얼마나 튼튼하고 활력이 넘치는가에 달려 있다.

감기로 인해 콧물이 나고 가래가 끓는 것도 매한가지이다. 콧물, 가래를 귀찮은 일(것)로 생각하지 말아야 한다. 침, 눈물, 콧물 등 모든 점액에는 병균을 죽이는 물질인 라이소자임(lysozyme)이 들어 있다. 때문에 쉼 없이 흐르는 콧물은 바이러스나 세균을 씻어 내는 것으로, 흐르는 물은 썩지 않는다(유수불부, 流水不腐)고 했듯이 콧물은 흘리는 것이 좋다. 가래를 빼내기 위해 헐떡거리는 쉰 기침도 필요한 생리현상이요, 기관이나 기관지에 모인 가래는 근본적으로 콧물과 조금도 다를 게 없다. 하여, 감기가 그리 심하지 않으면 약을 먹어서 이런 '흐름'을 막을 필요가 없다는 것이다.

거듭 말하지만 독이 되지 않는, 뒤탈 없는 약은 없으니 약은 기피해야 할 대상이다. 세상에서 가장 부작용이 적은 약, 그래서 '환상적인 약'이라 부르는 아스피린도 (알려진 것만도)위벽을 헐게 하고, 적혈구를 파괴하고, 생리 중에 출혈량을 증가시키며, 유행성감기에 걸린 젖먹이 아이의 생명을 앗아가는 일도 있다고 하지 않는가. 절대로 약이 병을 낳게 하는 것이 아니다.

그리고 병을 친구로 알고 두려움 없이 받아들이면 병원균도 겁이 나서 도망을 치지만 병을 두려워하면 그것들이 얕보고 달려들고, 든 놈들은 나갈 생각을 않고 더칠 뿐이다. 자신감이란 비단 병의 문제만이 아니다. 자기를 믿지 못하는 사람은 남까지 불신하지 않는가. 하지만 어쩌랴, 누가 뭐라 해도 병은 조수(潮水)와 같아서 주기적으로 들락날락거리는 것을……. 어찌 밀물 썰물이 없는 지구를 바랄 수 있으랴. 그것은 달(月)이 없는 세상을 바라는 것이 아닌가. 요람에서 무덤까지 따라붙어 다니는 것이 병이라고 했다. 병을 숙명적인 친구라 담담하게 생각하고 여운의 삶을 살아 볼 것이다.

무엇보다 병 없이 살려는 생각 그 자체가 불치의 큰 병이다. 몸이 있는데 어찌 병 없길 바란단 말인가. 병이란 그림자 같아서 끊을 수가 없는 것임을 명심해야 한다. 그리고 약을 두려워하지 않는 사람은 단언컨대 절대로 오래 살지 못한다. 낙숫물이 바위를 뚫는다고 하지 않는가. 쌓인 부작용으로 인해 미구에 간과 콩팥, 심장이 견뎌나지 못하고 결국은 곪아 터지고 말 것이다. 얼씨구나, 나이를 모르는 몸, 시간을 잊은 마음을 갖고 싶거들랑 필히 약을 멀리할지어다. 60년이란 인생 한 바퀴를 돌고 거기에 4년이나 더 지난 필자도 그런 축에 드는 것일까. 아직은 큰 탈 없이 글을 쓰고 있으니 말이다.

사스바이러스도 이겨낼 수 있다

　바이러스의 특성을 짚고 넘어가자. 바이러스는 세균(박테리아)보다 훨씬 작고 종류에 따라서는 세균에 기생하는 바이러스도 있는데 이를 박테리오파지(bacteriophage, 세균을 잡아먹는 바이러스)라 한다. 바이러스는 이렇게 보면 생물이고 저렇게 보면 무생물인 요물단지이다. 생물적인 특징은 다름 아닌 번식이다. 어디 연필이나 돌멩이가 그 수를 늘려가던가.

　그런데 바이러스는 생물(식물, 동물, 세균)의 세포 속에 들어가야 번식을 할 수가 있다. 살아 있는 달걀(생물)을 삶아 버린 것(무생물)에 비유되곤 한다. 바이러스를 세포라 하지 않고 단순히 '입자'라고 부르는 이유가 여기에 있다. 예를 들어서 "사스는 변종 바이러스 입자가 유발하는 병이다."라고 하면 맞는 표현이다. 다시 말하면 바이러스는 세포 안에서는 생물이지만 밖에 있으면 휴면 상태인 무생물이다. 생물도 아닌 것이 또 무생물도 아닌 것이 분탕질은 제멋대로이다. 어찌하여 사람을 이렇게 못살게 괴롭힌단 말인가! 그리고 세균이나 곰팡이에는 이로운 놈도 있고 해로운 놈도 있지만 바이러스라는 놈은 아무짝에도 쓸모없는, 해롭기만 한 놈이라 눈총을 받는다.

　그러면 바이러스가 어떻게 생물체(세포)에서 번식하는지 보도록 하자. 사스바이러스가 사람의 허파에 들어갔다고 치자. 그러면 녀석이 허파세포(허파꽈리, 폐포)에 달라붙어서 세포막에 구멍을 내고, 제가 가지고 있는 핵산(RNA)만 세포 안에 쏙 집어넣는다(단백질 껍질까지 통째로 다 들어가지 않음). 그 RNA는 세포 속의 물질을 이용하여 DNA를 합성하는데 합성한 DNA로 단백질과 새로운 RNA를 만들어서 겉껍질은 단백질이고 안에는 핵산이 든 똑같은 코로나바이러스를 만든다.

이런 식으로 계속하여 여러 개의 바이러스를 합성한 다음에 사스바이러스가 허파꽈리를 깨뜨리고 나온다. 이때 폐포가 죽기 때문에 몸에 열이 나고 폐렴 증상이 나타난다. 이와 동시에 기침을 하면 다른 사람에게로 전파가 되어 끊임없이 사방팔방으로 퍼져 나간다. 보다시피 사스바이러스 역시 가진 것이라고는 핵산과 단백질뿐이어서 숙주세포(폐포)의 세포 내용물을 재료로 써서 새로운 바이러스를 만든다. 이렇게 수를 늘려가니 이것이 바이러스의 생물적 특성이라 했다.

여기서 우리는 감기(보통감기와 유행성감기)를 한번 더 논해도 좋을 듯하다. 이것들 모두가 사스와 같이 RNA 바이러스성 병이니까. 쉽게 말해서 보통감기는 철을 구분하지 않고 걸리는 고뿔이라면 유행성감기는 한겨울에 기승을 부리는 놈이다. 여기서 뚱딴지같은 질문을 하나 하면 저 북극에 사는 에스키모인들은 감기에 걸릴까? 정답은 그곳엔 '감기(바이러스)가 없다.'이다. 바이러스도 제 살기에 좋은 온도가 있다는 말이다. 그래서 한여름으로 접어들면서 사스의 맹위가 조금씩 수그러든다고 하지 않는가.

　아무튼 우리나라의 유행성감기는 한겨울에 날개를 단다. 이 병도 옛날엔 젊은이, 노인, 어린이 할 것 없이 모두 생명을 잃게 했으나 이젠 노약자나 어린이에게만 치명상을 입힌다. 그렇지만 미리 10월경에 유행성감기 예방접종을 하면 걸려도 좀 가볍게 넘긴다. 그럼 감기에 약이 있단 말이 아닌가. 애석하게도 치료약은 아니고 일종의 예방약인 백신이다. 이제는 감기를 잡는 약이 있다고 믿는 아둔한 생각은 확실히 버렸을 터!

　다시 사스 이야기로 돌아오자. 사스도 여러 사람들이 있는 곳을 피하고 손을 자주 씻어야 한다는 것에서는 감기와 다르지 않다. 사스에 걸리지 않겠다고 마스크를 하는 것에는 어떤 의미가 있을까. 공항 검역원이나 사스 연구원들은 마스크는 필수이고 넓적한 안경까지 쓰고 있지 않던가. 물론 유행성감기가 날뛸 때도 마스크를 하는 것이 옳다. 그렇지만 마스크를 한다고 완전히 예방되는 것은 절대 아니다. 바이러스가 몸에 많이 들어올수록 병에 걸릴 확률이 높아지는 것은 당연한 이치이니 가능한 한 적은 양의 바이러스 입자를 흡입(吸入)하겠다는 의미이다. 사스 역시 코로만 옮는 것이 아니라 눈으로도 전염되기에 안경을 쓰는 것이다. 그리고 사스바이러스가 대변에 묻어 나와서 손에 묻기만 해도 전염이 된다고 하니 공중위생 전반에 신경을 써야 하겠다.

여기에 억장 무너지는, 욕 얻어먹을 글을 써야 하는 필자의 고통을 독자들은 이해해 줬으면 좋겠다. 인구(특히 남자)가 너무 많아져 전쟁이 일어나게 되었고 그리하여 전쟁은 인구를 조절하는 역할을 했다. 또한 전쟁말고도 전염병이 유행하여 인구수를 조절했다고 한다. 에이즈가 먹을 게 없지만 인구가 많은 아프리카에서 창궐하는 것이라든지 사스나 특이한 유행성감기 또한 인구밀도가 높은 중국 등지에서 발생하는 것을 예사로 보고 넘겨서는 안 된다. 전쟁이나 유행병이 자연적으로 인구수 조절을 해 왔다고 봐야 한다. 다른 동물 세계에서도 개체수가 갑자기 늘어나면 유사한 방법으로 집단의 크기를 조절한다. 그래서 병이란 필요악이란 말인가?

끝으로 사스라는 병의 특징을 다시 요약해 보면, 바이러스가 허파의 폐포(허파꽈리)에 들어가서 5~6일 안에 염증을 일으키고, 며칠 후에는 사방으로 염증이 퍼지면서 폐조직이 부어오른다. 폐포에 액체가 고이고 백혈구 등의 찌꺼기가 차면서 폐포가 깨진다. 하여 산소와 이산화탄소의 교환에 지장을 받게 되고, 감염된 후 21일이 지나면 산소가 충분히 허파에 들어가지 못해 산소결핍증을 일으키다가 환자는 죽는다.

폐(허파)는 공기의 산소를 받고 이산화탄소를 내놓는 호흡기관이다. 산소는 우리 몸의 구석구석까지 가서 양분을 분해(산화)시켜서 에너지와 열을 내게 한다. 따라서 산소가 부족하면 세포는 그 기능을 잃게 되어 결국 죽고 만다.

건강하고 배포 큰 사람은 사스바이러스가 몸에 들어와도 이겨 낼 수가 있다. 몸을 너무 사려도 좋지 않다는 뜻일 것이다. 평소에 건강을 잘 지켜서 훼손되지 않는 강력한 면역성을 유지하는 것이 제일이다. 숨결이 맥동(脈動)치는 우람하고 건장한 체격! 건강 제일이다!

지구의 주인 노릇을 하는 바이러스

2003년 4월 29일 <동아일보> 「과학세상」(「바이러스와 인간, 도전과 응전」)에 실린 필자의 글을 복습 삼아 읽어 보시라.

어디서 도깨비같이 날아든 바이러스가 이렇게 세상을 놀라게 하고, 떠들썩하게 난리를 피우는 것일까. 중증급성호흡기증후군이라 이름 붙은 사스(SARS, Severe Acute Respiratory Syndrome의 준말)라는 새로운 병이 온 세상을 덮치고 있어 인심이 흉흉하고, 지구가 불안해 하고 있다. 말 그대로 전쟁을 방불케 하는 것은 사스 때문이다.

여기서 바이러스의 특성을 좀 짚고 넘어가자. 바이러스는 이리 보면 생물이고 저리 보면 무생물인 요물단지이다. 생물이라 말할 수 있는 것은 번식을 하기 때문이고, 무생물일 수밖에 없는 점은 주성분이 단백질과 핵산, 그리고 일부 지방단백질(lipoprotein)로만 구성되어 있기 때문이다. 다시 말해 이것은 살아 있는 숙주세포(식물, 동물, 세균)

안에 들어가면 번식을 하니 생물이지만 세포 바깥에 있으면 휴면 상태에 머무는 무생물이다. 그리고 바이러스는 세포의 단계에 못 미치는 하등한 것이라서 단순한 '입자'이다. '바이러스 입자'란 말이 맞다.

바이러스는 입자 안에 들어 있는 핵산에 따라서 DNA 바이러스와 RNA 바이러스로 나누는데, 단백질이 주성분인 겉껍질의 크기나 모양도 중요한 분류 기준이 된다. 사스와 관련이 있는 바이러스를 코로나바이러스라 부르는 것도 그 모양이 개기일식 때 태양의 둘레에 보이는 빛살인 코로나를 닮았기 때문이다. 그 흔한 감기에서 무서운 에이즈까지 모두 바이러스가 발병시키는 것인데, 날고뛰는 현대과학이 이것 하나를 잡지 못하는 것을 보면 이 녀석이 요상스럽기 짝이 없는 놈임에 틀림없다. 무엇보다 그때그때 곧바로 변종이 생겨난다는 것이 가장 큰 문제이다. 여기서 변종이란 돌연변이를 말하는데, 핵산이 바뀐다거나 바이러스끼리 서로 핵산(유전자)을 교환해 어느새 딴 바이러스로 변신해 버리니, 잡을 듯 하다가도 그만 놓쳐 버리고 만다.

그리고 동물에 기생하던 것들이 갑자기 사람에게 옮겨 붙는 것도 탈이다. 닭, 오리, 돼지, 원숭이, 소 등 동물의 몸속에서 살던 것이 변성(變性, denature)하면서 종(種)의 경계를 훌쩍 뛰어넘어서 숙주를 바꾸니 지금 세계를 혼란에 빠뜨린 '사스'도 그럴 것으로 추정하고 있으며, 아마도 돼지가 아니면 새나 소에 살던 놈으로 보고 있다(참고로, 나중에 너구리 등의 야생동물이 매개한 것으로 밝혀짐). 실제로 변종 바이러스가 사람에게 전염된 예가 여럿 있다. 1957~58년에 세계적으로

100만 명 넘게 희생자를 낸 '아시아 유행성감기'는 오리에 기생하던 바이러스가 돼지에 들어가 돌연변이를 일으키면서 사람에 전염됐던 것이다. 또한 1981년에 발견된 에이즈(HIV)는 4,000여만 명 정도가 감염되어, 죽은 사람만도 2,500만 명이나 되는데 이것은 아프리카 원숭이가 바이러스를 사람에 옮겼다고 본다. 이외에도 여러 병의 뿌리가 다른 동물에 있다는 것이 밝혀졌다.

사스라는 병은 작년 11월에 중국 광둥성에서 처음 발병한 것으로 추적 결과 밝혀지고 있다. 중국 당국이 세계보건기구에 속히 보고하지 않고 은폐하여 많은 비난을 받고 있는 것도 참고할 일이다. 폐렴 증상(세균성임)을 나타내는 환자에게 항생제를 처방하였으나 낫지 않는 데서 의문을 가졌고, 그것이 사스바이러스 때문이라는 것으로 밝혀졌다. 이 바이러스의 확산을 차단하기 위해서 각국의 공항에는 비상이 걸렸고 우리 또한 마찬가지였다. 우선 마스크를 쓰게 했는데 마스크를 쓰는 것으로 완전한 예방이 될 수는 없지만 바이러스의 수를 줄일 수 있다는 점에서 효과가 있다고 보았다. 즉, 바이러스를 많이 마시면 걸릴 가능성이 더 높아진다는 것이다.

그러나 다행한 것은 인간이 병을 따라잡는 약을 개발하기도 하지만, 몸속에 스스로 항체가 생겨 병을 이기기도 하고, 또 어느 병이나 기승을 부린 다음에는 저절로 수그러든다는 점이다. 수많은 병이 생겼다 사라지기를 반복하지 않았던가. 물론 앞으로도 새로운 병이 생겨났다가 사라질 것이고. 어떤 이는 세계사를 전쟁의 반복이라 했지만, 실로 유행병과의 다툼이라 해도 무방하다. 사람과 병은 언제나 평행선을 달려왔다. 단지 병이 한 발자국 앞서 왔을 뿐.

　바이러스성 병만 해도 여러 가지라서, 면역계를 공격하는 에이즈, 호흡기에 기생하는 여러 감기, 입가나 코밑을 헐게 하는 허피스(Herpes), 소아마비, 천연두, 광견병, 유행성뇌염, 간염 등 지독한 병이 모두 바이러스성이고 암까지도 유발한다. 세상에는 이놈의 바이러스말고도 상처만 나면 달려드는 화농균, 설사의 주범 이질균, 장티푸스균 등 수많은 세균에다 무좀, 비듬의 곰팡이까지 사람을 괴롭히니 까딱 잘못하다가는 놈들에게 당하기 일쑤이다. 그래서 무척이나 신경이 쓰이는데 어떻게 보면 저것들을 이겨 내고 있는 것이 일견(一見) 기적이 아닌가 하는 생각이 든다.

　바이러스(Virus)의 원래 뜻에는 '독, 더러운 것, 냄새나는 것' 등 역시 좋지 못한 의미가 들어 있다. 놈들은 제 세상을 만나 고약한 짓을 막 해 대고 있으나 아직 지구의 여느 생물도 이 '창조물'에 대적하는 놈이 없다. 지구의 주인이요 대장이 알고 보니, 눈에도 안 보이는 저 꼬마 놈, 옹골찬 바이러스였던 것이다. 생물도 아닌 것이 또 무생물도 아닌 것이 지구의 대장 짓, 주인 노릇을 당당하게 하고 있다.

내림물질은 다름 아닌 DNA이다

사실 어렵고 까다로운 내용이라 이제껏 모른 척 아는 척, 내돌리고 기피해 왔으나 언젠가는 한번 부딪쳐야 할 분야이다. 그리고 핵산 DNA를 모르고는 신문의 과학란에 자주 오르는 생물과 의학 기사도 읽을 수가 없다. 자라 보고 놀란 가슴 솥뚜껑만 봐도 놀란다고, DNA라는 글자만 눈에 띄어도 가슴이 철렁 내려앉고 겁이 더럭 난다. 아무리 알아보려 해도 그게 그것 같고, '개 풀 뜯어먹는 소리'로 들리기만 하고. 허나 어쩌랴, 넘어야 할 산이요 건너야 할 강인 것을. 당구삼년 폐풍월(堂狗三年 吠風月), 서당 개 삼 년에 풍월을 읊는다고 했다. 과학의 글도 자꾸 대하고 접하다 보면 겁이 없어지고 정감이 들 터. 누군들 태어나면서 알고 나오겠는가. 어린 묘목이 자라 아름드리나무가 되는 법.

난해한 핵산 이야기는 나중으로 미루고, 먼저 지능 이야길 해 보자. 독자들은 신문에서 「지능이 뛰어난 쥐 두기(Doogie)」에 관한 기사를 읽은 적이 있을 것이다. 한마디로 지능을 결정하는 여러 가지 유전자 중 NR2B라는 인자를 찾아내어 쥐의 수정란에 집어넣어서 키운 것이 '영리한 쥐(smarter mouse)' 두기인데, 여기에서 유전자란 DNA 일부를 말한다.

지능도 유전자가 결정한다?

그런데 도대체 지능(知能, IQ)이란 무엇일까. '두기'는 단지 유전자 한 개가 바뀐 놈인데, '아인슈타인 쥐'라고도 부른다. 다른 쥐는 그놈 앞에서 쪽도 못 쓰려니와 선뜻 얼굴도 못 내민다. 녀석은 기억력이 좋아서 조건반사 실험이나 발바닥에 전기자극을 주는 충격실험을 해 보면 학습 속도가 훨씬 빨랐고, 새로운 장난감을 주면 그것에 예민한 호기심을 나타냈다(딴 쥐는 헌것 새것을 구분치 못함). 새것, 새 문화에 호기심을 갖는 사람은 그렇지 못한 사람에 비해 사망률이 15퍼센트나 낮다는 통계도 나와 있다. 호기심은 동심(童心)이요 모험심과도 통한다. 결국 어리게 살면 오래 산다는 결론에 도달하지 않는가. 적극적이고 능동적으로 살라고 하는 이유가 여기에 있다.

높은 지능이란 총기가 있고 영민(英敏)한 것은 물론이고, 창조력이 있고 문제를 풀어내는 힘이 높다는 것을 말한다. 사람

중에서도 확실히 남다른 '머리 좋은 사람'이 따로 있다. 지능의 대부분은 선천적인 것으로 그것은 유전자에 뿌리를 박고 있다. 따라서 지능은 누가 뭐라 해도 집안에 내력이 있고 또한 내림을 한다. 그리고 부인할 수 없는 것은, 모계성(母系性) 유전이 부계성보다 더 세게, 더 많이 후손에 영향을 미친다는 것이다. 그것도 그럴 것이 아버지는 눈에도 안 보이는 정자 하나만 주었을 뿐 세포질(미토콘드리아, 세포막 등)은 모두 어머니에게서 받는다.

다시 말하면, 어머니의 난자는 난핵(卵核), 세포질, 세포막 등을 갖추고 있지만 정자에는 23개의 염색체가 들어 있는 정핵(精核)만 있을 뿐 세포질도 없다. 정자는 세포질 모두가 운동에 쓰이는 꼬리를 만드는 데 이용되고 만 '엉터리' 세포에 지나지 않는다(난자와 정자의 그림을 꼼꼼히 따져 보시라). 이것이 바로 모정(母情)의 의미를 설명하고 있는 것이다. 어머니를 흠모하는 모정(慕情)인 것이고.

그런데 과학이 용을 쓰는 재주를 가져서 날뛰지만 아직도 기억이 무엇이며 그것이 어떤 과정을 거쳐 어떻게 작용하는지도 전혀 모르고 있다. 아무튼 이제 지능 유전자를 발견하였다고 하니 이 유전자를 대장균에 집어넣어서 '머리 좋아지는 알약'을 만들어 파는 날이 그리 멀지 않은 것 같다. 얼마나 근사한 세상인가. 바보 천치가 알약 하나로 수재로 바뀐다니 말이다. 헌데, 머리 좋은 천재들만이 판을 치는 세상은 어떤 모습일까? 뇌세포만 발달한 사람들이 사는 세상은 아마도 인정미, 훈기 하나 없는 컴컴한 교도소의 안방 모습일 것이다.

하여튼 지능을 지배하는 여러 개의 유전자 중 하나인 NR2B 유전자는 기억 단백질인 NMDA(N-methyl D-asparate)를 만들어 내는데(하나의 유전자는 한 개의 단백질을 합성함) 이것이 뇌신경의 끝에서 분비되어 기억과 학습을 활성화시킨다고 한다. 나이를 먹어 갈수록 이 물질의 생성이 억제되어 안경을 쓰고서도 안경을 찾는 건망증이 생기고, 심하면 기억상실증까지도 온다. 한마디로 유전자의 명령에 따라 만들어진, 망령든 단백질 하나가 사람을 건망증, 치매증에 걸리게 한다. 그리고 천재와 둔재로 나눈다.

쥐나 고양이나 사람의 뇌구조는 서로 아주 닮았다. 지능과 학습을 담당하는 구체적인 부위는 대뇌의 해마조직으로, 주로 여기에 있는 세포들이 기억 단백질을 만들어 낸다. 세포들은 다 제가 처해 있는 장소에서 정해진 물질만 만들어 내기 때문에 창자세포에서는 창자액을, 위에서는 위액을, 발바닥세포에서는 발바닥을 만들어 내듯이 해마조직에서는 기억 단백질을 만들어 낸다. 그리고 이 기억의 산실인 해마조직은 성적으로 성숙한 나이에 이르면 퇴화하기 시작한다. 그래서 나이를 먹으면 그것이 형편없이 쪼그라들어 사람도 알아보지 못하는 바보 천치가 되고 만다.

태어난 뒤에는 더는 세포분열을 하지 않는 대표적인 것이 뇌조직이다. 그런데 유독 이 기억 중추인 해마조직의 신경세포는 계속해서 분열한다는 사실이 근래 밝혀졌다. 그래서 늙어도 어설프게나마 기억력을 잃지 않고 버텨 나갈 수가 있다. 따라서 뇌에 피가 철철 흘러가게끔 육체운동을 게을리 하지 말아야 한다. 또 읽고, 쓰고, 생각하기를 멈추지 말고 해마조직을 연마, 단련시키는 정신운동도 챙겨서 해 나가야 한다. use it, or lose it all! 몸이나 머리 모두를 당차게 써라, 그러면 얻을 것이요 그렇지 않으면 잃고야 말 것이다!

헌데, 늙어서도 변함없이 기억력이 생생하다는 것이 행복일까. 절대로 아니다. 인간은 망각(忘却)의 동물인지라 잊을 것은 잊어야 한다. 또한 최고가 언제나 좋은 것만도 아니다. 젊어서도 머리만 뛰어나고 가슴의 따뜻함이 없는, 도량(度量) 좁은 재승덕(才勝德)한 사람이 되기보다는 똑똑하면서도 훈훈한 사람의 향기(香氣)가 물씬 풍기는 덕승재(德勝才)한 사람이 진짜배기이다.

핵산에 담긴 비밀

이제 핵산 이야기를 사람 중심으로 좀 해 보자. 세포 안, 가장 한가운데 그것의(보통 상피세포는 10마이크로미터, 1마이크로미터는 1,000분의 1 밀리미터) 10분의 1쯤 되는 작은 핵이 들어 있고, 그 속에는 염색체(染色體)가 들어 있으며, 그 염색체에는 DNA가 이중 삼중으로 실타래처럼 감겨들어 있다. 몸을 구성하는 체세포는 핵에 46개의 염색체를, 생식세포인 난자와 정자는 각각 그것의 반인 23개씩을 갖는다는 것을 우리는 잘 알고 있다.

DNA는 전자현미경으로 봐야 겨우 보이는 아주 미세한 물질로, 전체적인 구조는 이중나선구조, 쉽게 말해서 꽈배기처럼 뱅뱅 꼬여 있으며 당(糖, sugar), 인산(燐酸, phosphates), 염기(鹽基, base) 이렇게 셋으로 구성되어 있다. 그리고 염기는 다시 아데닌(A), 구아닌(G), 시토신(C), 티민(T) 이렇게 네 종류로 나뉜다. 다시 말해 핵산은 두 가닥이 뒤틀려 꼬여 가는데 그 뼈대를 이루는 것은 당과 인산이고 두 줄을 서로 잇는 것이 이들 염기이다.

자연에는 질서가 있고 제자리가 정해져 있는지라 이들도 순서가 있고 차례가 있어서 언제나 A는 T와, G는 C와 짝을 짓는다. 어렵게 말하면 끼리끼리 수소결합(水素結合)을 한다. 결국 핵산은 A, T, G, C 네 염기(글자)로 되어 있고, 이 네 글자가 어떤 순서로 배열되느냐에 따라서 유전자가 달라진다. 사람마다 얼굴이나 성질이 다른 것도 이 염기의 배열 순서가 다르기 때문이다.

이렇게 복잡다단해 보이는 생명도 알고 보면 간단한 네 글자로 이뤄져 있고, 엄청나게 큰 저 백과사전도 뜯어보면 14개의 자음(ㄱ~ㅎ)과 10개의 모음(ㅏ~ㅣ), 즉 24개의 글자가 모여 있을 뿐이다. 아무리 어려워 보이는 글도 컴퓨터 글자판에 있는 몇 개의 글자만 있으면 다 만들 수 있는데 이는 몇 안 되는 근본과 원리가 우주를 이루게 하는 것과 다를 게 없다. 어쨌거나 우리의 생명은 우습게도 오직 이 네 글자에 매여 있다!? 그런데 이 네 글자의 배열이 달라지기도 하니 이것을 돌연변이라 한다. 모든 암세포는 돌연변이를 일으키니 결국은 이 네 글자가 우리의 생명을 담보하고 있는 것이다.

눈을 다른 곳으로 잠깐 돌려 보도록 하자. 핵산이라는 것은 갑자기 하늘에서 떨어진 것이 아니다. 핵산이란 바로 '핵의 염색체에 들어 있어서 산성을 띠는 물질'이란 뜻인데, 1869년에 이미 스위스의 학자 미셔(Johann Friedrich Miescher)가 고름에 들어 있는 백혈구 속에서 발견하였다.

근 백여 년이 지난 1953년 2월의 마지막 날에 영국의 생화학자 크릭(Francis Harry Compton Crick)과 미국의 웟슨(Thomas John Watson) 두 사람이 "DNA는 이중나선구조(double helix structure)로 되어 있다."라는 깜짝 놀랄 만한 폭탄선언을 하기에 이른다. 온 세상을 경악케 한 연구결과인 것이다. 이들은 "신은 창조했고 린네는 그것을 정리했다."라며 식물분류 학자를 칭송했는데, 이 두 사람이야말로 피창조물인 분자의 세계에까지 깊숙이 파고들어, 생물학에 새로운 전기(轉機)를 마련하고 큰 길을 열었다. 그 후 반세기가 조금 못 지난 지금 생물학은 과학의 정점(頂點)에 올라 대부분의 학자들이 이 분야에 매달리고 있다 해도 과언이 아니다. 이 핵산에 바로 유전자의 비밀이 들어 있고 생명의 뿌리가 박혀 있으니 그럴 만도 하다.

　사람의 몸도 세포가 모여 만들어지는 것이니 우리나라 사람은 평균 70조 개의 세포를 가진 것으로 보면 되겠다. 그리고 체중이 무겁다는 것은 곧 세포 수가 많고 크다는 말이다. 미국인은 평균 100조 개의 세포를 가지고 있다고 그들의 교과서에 쓰고 있다. 아무튼 각 세포에는 핵이 들어 있고 그 핵에는 각각 46개씩의 염색체가 들어 있다. 손바닥세포, 입술, 창자, 간 어느 것에나 모두 같은 수의 염색체가 들어 있다는 것이다. 계산해 보면, 70조 개의 체세포를 가진 사람의 총 염색체 수는 70조×46=?(독자들의 몫이다)개가 되는데 이는 세포 하나에 그 사람의 유전자가 모두 들어 있다는 것을 강조한 것이다. 그리고 사람 세포의 핵 하나에 들어 있는, 염색체를 구성하는 DNA를 뽑아 모두 모아서 길이를 재어 보면 약 2미터(46개의 염색체에 들어 있는 것으로, 정확하게 말하면 183센티미터이다!!!)나 된다고 한다?! 사람 육안으로는 100마이크로미터(0.1밀리미터)까지만 볼 수 있기 때문에 보통 우리의 세포(10마이크로미터)를 본다는 것은 어림도 없다.

그런데 그 작은 세포 속에 2미터나 되는 DNA가 들어 있다니 아연 놀라지 않을 수가 없다. 70조 개의 세포 각각에 기다란 DNA가 들어 있는 것이니 몸 전체의 DNA를 다 모아 이어 보면, 70조×2미터가 된다. 지구의 둘레를 4만 킬로미터로 볼 때 500만 바퀴를 돌릴 수 있고 태양을 500번이나 갔다 올 수 있는 길이이다. 흔히 "세포는 우주다."라고 한다. 하나의 세포 속에는 진화의 역사가 들어 있고 우주의 변화상이 반영되어 있기 때문이다.

DNA의 위대한 힘

어쨌거나 그 작은 세포에 그 길고 긴 핵산이 들어 있다는 것을 알았다. 그런데 좀 더 혼란스런 이야기가 계속 이어진다. 앞에서도 말했지만 DNA의 A, T, G, C 이 네 개의 염기는 A-T, G-C로 짝을 짓고 있다.

놀랍게도 앞에서 말한, 2미터나 되는 DNA에 무려 60억 개(생식세포는 30억 개)의 염기쌍이 들어 있다. AT, AT, TA, GC, CG, CG. 이런 염기쌍이 약 60억 개가 있는데 그 순서(차례)를 낱낱이 밝히는 것이 '인간게놈계획'이라 했다. 그런데 상동염색체의 같은 자리에는 동일한 유전자가 놓여 있기 때문에 실제로는 23개의 염색체, 즉 30억 쌍의 염기쌍만 밝히면 된다. 말이 쉽지 세상에 눈에도 안 보이는, 세포 속의 염색체 안에 들어 있는 DNA를 구성하는 염기의 배열 순서를 알아낸다니 이게 어디 사람이 할 일인가. 이런 일은 '디지털(슈퍼컴퓨터)혁명'이 있었기에 가능했고 여기에 '바이오(bio, 생물)혁명'까지 가세하여서 '제4의 물결'을 이루기 시작하였다. 앞으로 일어날 일이 무척 흥미롭다 하겠다.

헌데, 컴퓨터를 다루지 못하면 '컴맹'이라 하여 너나 할것 없이 그것을 배우겠다고 야단이면서 어찌하여 과학에는 그리 무심할 수가 있는 것일까. 앞으로 과학을 모르면 '과맹(科盲)'이 되어서 눈뜬 봉사 꼴이 될 것이다. 과학이 어렵다고 피해 가서도 안 되고, 그것을 푸대접 받게 해서도 안 된다. 과학은 개인의 실력이기도 하지만 국력의 대명사인 걸 어쩌겠는가. 과학에 눈을 돌려, 과학책도 읽으며 과학에 가까이 다가가야 할 것이다.

핵산에는 DNA말고 RNA라는 것이 있다. 간단히 말해서 RNA는 외줄이며(DNA는 두 줄), 우라실 염기를 갖고(DNA는 티민), 리보오스라는 당(DNA는 디옥시리보오스)을 가진다. 그리고 RNA를 리보핵산(Ribonucleic acid)이라 하고, DNA를 디옥시리보핵산(Deoxyribonucleic acid)이라고 하는데 이것만 봐도 리보오스라는 당이 얼마나 중요한지 알 수 있다. 리보핵산에는 mRNA, tRNA, rRNA 이렇게 세 가지가 있는데 자세한 것은 뒤에서 다시 논하기로 한다.

　DNA의 반은 모계성, 반은 부계성으로 거기에 바로 엄마나 아버지를 닮게 하는 유전물질 즉 조상의 과거와 후손의 미래가 들어 있다. 그렇다면 사람이 가지고 있는 유전자는 과연 몇 개나 될까. 확실하게 그것을 계산할 수가 없어서 옛날에는 10만 개 정도가 된다고 하기도 하고, 6~8만 개가 될 것이라고도 했다. 근래 와서는(새로운 계산방법에 따라) 약 3~4만 개로 보게 되었다. 아주 쉽게, 간단히 풀이하면 핵의 DNA에 그만큼의 유전자가 들어 있는 것이니, 30억 개의 염기쌍인 DNA를 4만 등분한 그 한 조각이 한 개의 유전자가 된다. 그러니 이론적으로는 30억을 4만으로 나눈 값, 즉 7,500개의 염기쌍이 하나의 유전자가 된다는 계산이 나온다(실제와는 아주 다름).

　원칙적으로 한 개의 유전자는 한 개의 효소를 만든다('1유전자 1효소설'). 여기서 단백질이란 세포를 구성하는 물질에다 효소, 항체, 호르몬까지 말한다. 그런데 언제나 하나의 유전자가 하나의 형질발현(形質發現)에 관여하는 것은 아니다. 예를 들어 대장암을 일으키는 데도 여섯 가지의 유전자가 관여한다.

　이 정도이면 돌연변이를 설명할 수가 있겠다. 돌연변이는 유전자, 즉 핵산의 염기에 더러 이상(異常)이 생긴 것을 말한다. 다시 말해 DNA를 구성하는 염기의 순서가 바뀐다거나 일부가 많아지고, 없어지고 하여 유전자가 변한 상태에서 단백질을 만들면 처음과 전혀 다른 단백질이 만들어지는데 이것이 돌연변이이다. 예를 들어 손톱 밑의 세포 하나에도 14만여 개의 유전자가 모두 들어 있지만 오직 손톱이라는 단백질을 만드는 유전자가(만) 발현하여서 손톱이 자라고 있다. 그런데 만일 핵산의 염기 변화로 단백질을 만드는 유전자가 낯선 털을 만드는 유전자로 바뀐다면 거기에서 손톱이 아닌 머리카락이 턱 나온다?! 손끝에 새록새록 검은 털이 웃자라 부숭부숭!

건강 하나도 요놈의 DNA 손에 달렸으니 우리가 이렇게 살아 있는 것만도 무한한 축복을 받은 것이고, 거기에는 정녕 생명의 신비가 담겨 있으니 놀랍다. 내 목이 저 놈의 핵산에 매달려 있다!? 눈에도 안 보이는 핵 안의 DNA에 말이다. 핵산이 빙산(氷山, iceberg)이라면 앞의 설명은 그 일각(一角) 위에 묻은 손톱 끝만큼 되는 얼음 몇 조각을 논한 것이라 보면 된다. 비슷한 이야기는 끝없이 이어질 것이다.

오늘도 우리는 유전자의 명령에 따라 생각하고 움직이고 있다. 사람마다 사고와 행동이 다른 것은 바로 유전자가 다르기 때문이 아닌가. 그놈의 DNA가 하라는 대로 로봇처럼 따라할 뿐. 내림물질이라는 것은 절대로 속일 수가 없다.

다 해진 몸에 새까만 눈썹이 웬 말인가

　몸뚱이는 흐느적흐느적 늙어 가는데 눈썹 하나는 만취(晚翠)의 푸름을 잃지 않아 젊음의 태(態)를 고스란히 간직하고 있으니 무슨 이런 망령(妄靈)되고 참람(僭濫)한 일이 있단 말인가. 유행이란 무서워서 관 속에 들어 누운 시신 눈썹이 빠지지도 않고 새까맣게 고스란히 남아 있다!? 나이 든 여인네들이 너나 할것 없이 '눈썹 수술'을 한다니 께름칙하여 하는 말이다. 이게 도대체 무슨 말인가? 땀이 나고 세수를 해도 지워지지 않는 만년지택(萬年之宅)을 양 눈썹에 지어 놓는 '눈썹 문신' 이야기이다. 상피세포(上皮細胞)는 어느 것이나 끊임없이 죽어 나가고 그만큼 신생(新生)하는데 어찌하여 눈두덩의 그 검음은 지워지지 않고 영생(永生)하는 것일까?

　여기서 말하는 눈썹은 겉눈썹을 말하는 것으로, 이것의 모양이나 숱이 같은 사람은 없다. 필자처럼 안쪽으로 반 토막만 털이 수북하게 많이 나는 사람, 문둥이처럼 거의 없는 사람, 솔가지처럼 새까맣게 난 사람 등 다 다르다. 또한 끝 부분만 봐도 하늘로 치오른 것, 가라앉은 것, 털 섶을 이룬 것 등 정말 다양하다. 어쩌면 이렇게 눈썹 하나도 천태만상(千態萬象)이란 말인가.

눈썹과 눈썹 사이가 짧아 달라붙다시피 한 사람이 있는가 하면 십 리나 되는 경우도 있다. "양 미간이 넓으면 소견이 틱었다."라고 하는데, 거기에다 이마까지 훌떡 벗겨져 있으면 너그러워 보이기까지 한다. 이마가 좁으면 엄마 일찍 죽는다 하여 족집게로 머리 가장자리 털을 뽑는 걸 보면 관상에는 모두가 꽤나 관심을 쏟는 것 같다.

그리고 이거야 인력으로 못하지만, 인중(코의 밑과 윗입술 사이의 우묵한 곳)이 길면 오래 산다고 하니 김수환 추기경은 백수(白壽)를 넘기고 남을 분이시다. 인상이 곧 관상 아니겠는가. 하여 미간에(주름이 생겨서) 축협 마크를 달고 다닐 필요가 없다. 늙어서의 얼굴은 자기가 책임을 져야 한다. 늘 웃어서 미소 띤 얼굴을 지니는 것, 그것이 곧 운명을 개척하는 일이 아니겠는가.

어쨌거나 눈썹이 없으면 얼굴 꼴이 말이 아니다. 그럼 눈썹이란 그냥 모양으로 나 있는 것일까? 그럴 리가 없다. 이마에서 흐르는 땀방울이 눈에 들어가지 않게 하는 곬의 역할을 하는 것이 눈썹이다.

우리 몸을 보호하는 상피조직

아무튼 사람의 몸은 여러 조각이 모여 이루어지는데 이 조직은 서로 다른 200여 가지의 세포가 모여서 만들어진 것이다. 바깥의 살갗만 상피조직이 아니라 공기가 지나가는 숨관(기관), 피가 흐르는 혈관, 음식이 지나가는 식도, 위, 창자 등의 소화관과 소변이 흐르는 요도 등의 모든 벽이 상피이다. 이런 상피조직은 외부와 접촉하고 있는지라 상처를 입을 가능성이 높아서 언제나 신속하게 재생하고 있다. 때문에 대략 일주일 정도 살다 죽어 버리며 밑에서 새 세포가 생겨나 끊임없이 밀고 올라온다. '한국의 사나이' 박찬호 군의 손가락 끝에 생긴 물집도 4~5일이면 다 낫는다고 하니 이것도 상피세포의 성장이 그만큼 빠르다는 것을 의미한다.

살아 있던 상피세포는 위로 밀려나면 핵을 잃어버리고 케라틴세포(keratinocyte)가 되는데 이것이 모인 케라틴층(keratin, 각질층)은 피부의 수분 증발을 억제하고 병원균의 침입을 차단하는 중요한 역할을 하다가 나중에는 때가 되어서 떨어져 나간다. 방바닥의 먼지 대부분이 이 때인데 사람은 사는 동안에 이것을 끊임없이 벗겨 낸다. 목욕탕에서 때를 미는데 하도 빡빡 밀어 버려 때말고도 케라틴층은 물론이고 그 아래의 세포분열이 왕성한 상피층(上皮層)까지 다치게 한다. 심하면 더 아래에 있는 분열 능력이 없는 진피층(眞皮層)을 건드려서 거기에 퍼져 있는 실핏줄이나 말단신경까지 다치게 한다.

목욕을 하고 났을 때 목 밑에 가로로 뻗어 있는 뼈, 쇄골(鎖骨)이 따갑거나 목 언저리가 따끔거린다면 이는 속절없이 실핏줄에서 적혈구가 스며 나오고 있는 것이고, 아픔을 느끼는 통점(말단신경부)이 나출(裸出)된 것이니, 바로 저 아래 생살까지 파 버린 것이다. 어찌 이런 자살행위를 서슴없이 한단 말인가. 본인이야 그렇다 쳐도 어찌하여 여리디여린 피부를 가진 아이들의 살갗까지 사정없이, 그것도 꺼칠한 때수건까지 동원하여 그렇게 무자비하게 벗겨 대는 것일까.

내 옆 사람도 상어 껍질을 벗기듯, "싹 싹 싹!" 고굉(股肱, 팔다리)을 문지른다. 그 소리에 소름이 끼치고 온몸이 오싹해 온다. '제발 그만 벗겨라, 이 사람아! 절대로 식자우환(識字憂患)이 아니라 무식자우환이다. 때를 밀고 나면 물기가 날아가 피부가 마르고 병원균이 쉽게 파고드니 피부병에 걸리기 십상이다. 때는 수건으로 미는 게 아니라 비누로 슬쩍 녹이는 것임을 몰라서 그런 잔인한 일이 벌어진다. 실컷 피부를 다치게 하고선 피부에 나쁜 부신피질 호르몬인 연고까지 바른다. 이거야말로 병 주고 병 주는 행위이다. 때를 그대로 둔다고 살이 되

지 않는다. 그리고 그것은 그렇게 해롭고 더러운 것이 아닐 뿐
더러, 피부를 보호하는 공생세균의 먹잇감이 된다는 점에서도
세게, 아프게 벗길 일이 아니다.

필자가 대학생 때만 해도(1959년 입학) 물이 귀한 때인지라(서
울의 대부분의 사람들은 공중수도에서 물지게로 물을 길어다 먹었
다) 목욕도 한 달에 한 번 하면 운 좋은 것이었다. 그러니 목욕
탕에 갈 때면 내복까지 가지고 가서 탕 주인 몰래 빨래를 했
고, 탕에 들어가 때를 불려, 한 시간 가까이 부른 때를 벗기고
나면 힘이 몽땅 다 빠져서 탕 바닥에 드러누워 한참을 쉬어야
운신이 가능했었다. 막국수 때가 바닥에 즐비하면 창피하여(실
은 옆 사람도 같은 처지인데 그것도 모르고) 물로 그놈을 흘러내리
게 했다. 목욕하러 간다는 것은 곧 때를 벗기러 가는 것이었는
데, 가난을 상징하는 모욕적인 그 목욕문화가 40여 년이 지났
건만 아직도 연연히 흐른다. 일주일마다 목욕을 하면서 아직
도 때를 벗기고 있으니 기가 찰 노릇이다.

거듭 말하지만 때는 녹여야지 벗겨서는 안 된다. 강의실에서
자주 하는 얘기가 있다. 문화의 단절 이야기이다. 목욕은 이미
말했고, 화장실 문화이다. 신문지로 밑씻개를 하던 때는 그것
을 따로 모아 버려야 했지만 이제는 화장지가 있지 않은가. 물
에 들어가면 스르르 풀어져 버리는 신문을 아직도 모으고 있
으니 하는 말이다. 온 집안에 그 냄새가 스며 나와서……, 어쩌

자는 것일까. 자를 것은 자르지 않고, 지녀야 할 것은 버려 버리는 우를 범하고 있다. 어른을 공경하는 것 하나라도 제대로 간직하고 있는가?

고마운 백혈구

이야기가 엇길로 나갔다. 여기까지의 이야기를 잘 살펴보면, 어찌하여 몸의 문신이나 눈썹의 그것이 주검까지 따라가는지 눈치 챌 수 있다. 문신에는 먹물(잉크)을 쓰는데 거기엔 검은 탄소 알갱이(입자)가 들어 있다. 그것을 바늘이나 주사기로 피부 깊숙이 푹푹 찌르는데 결국에는 이들 입자가 상피뿐만 아니라 진피층에도 박히게 된다. 상피의 것은 세포를 따라서 위로 밀려나 없어져 버리나 진피는 새살이 돋지 않는지라 그 속에 계속 머물러 검은 흔적인 문신이 그대로 남는다.

그런데 죽은 세포나 세균 같은 아주 작은 이물(異物)은 청소부인(백혈구의 일종) 거대세포(macrophage)가 먹어 치워 버리지만 먹물의 탄소 알갱이는 워낙 커서 백혈구가 없애지 못한다. 그런데 요즘에는 문신을 레이저 광선으로 쏘아 없앤다. 이것을 쐬면 탄소 입자가 아주 작은 가루로 분쇄(粉碎)되고 그 가루를 백혈구가 먹어 버려서 문신이 지워지는 것이다. 백혈구가 세균이나 바이러스를 먹는 덕에 우리가 병에 걸리지 않고 지내는 것인데, 백혈구가 이런 잡물(雜物)도 제거를 해 주니 여러 가지로 고마운 일이다.

이야기가 나온 김에 백혈구를 좀 들여다보자. 백혈구는 보통 1세제곱 밀리미터에 8,000개가 들어 있다. 적혈구과 비교해 보자. 개수는 백혈구 하나에 적혈구 700개의 비율로, 적혈구가 많다. 크기는 백혈구가 적혈구보다 2배 정도 크며, 사람의 적혈구에는 핵이 없으나(포유동물은 적혈구에 핵이 없고 나머지 동물엔 핵이 있다)백혈구는 핵이 여러 개인 다핵(多核)세포다. 그리고 백혈구를 염색해 보면 세포 안에 과립(顆粒)이 있는 것이 있고, 없는 것도 있다는 것을 알 수 있다. 전자를 과립성백혈구라 하는데 거기에는 호산성, 호염기성, 중성 백혈구가 있다. 그리고 다른 백혈구보다 두세 배나 큰 것이 있으니 이것이 앞에서 말한 거대세포(거대백혈구)이다.

이 거대백혈구는 친구 세포인 적혈구가 죽으면 그것을 처리(치)하기도 한다. 간이나 지라에서 죽은 적혈구 시체 처리는 바로 이 백혈구의 몫이다. 적혈구의 수명은 보통 넉 달인데, 그동안 몸 구석구석을 대략 1만 1,000킬로미터나 돌아다닌 다음에 명을 다한다. 거대백혈구(세포) 속에는 가수분해효소를 많이 가지고 있는 리소좀(lysosome)이 있어서 식균하여 죽은 적혈구를 소화시켜 버린다. 그것뿐만 아니라 단백질 분해 효소, 과산화수소 등을 가지고 있어서 먹은 것을 모두 분해, 소화시켜 내다 버린다. 문신의 탄소 알갱이도 그렇게 없앤다. 이 백혈구들

중 어떤 놈은 몇 시간 살다 죽기도 하지만 길게는 몇 개월을 사는 놈도 있다. 평균수명을 일주일 정도로 보면 된다. 아무튼 활동이 활발한 부위나 세포들은 명이 턱없이 짧다.

그리고 깊은 상처를 입게 되면 아물어도 그 자리에 흉터가 남는다. 피부의 재생과정에서 정상 피부에는 없는 딱딱한 섬유세포가 생겨나서 특수 단백질인 콜라겐(collagen)을 만드는데, 이것 역시 여간해서 없어지지 않으니 그것이 곧 흉터이다. 문신도 이렇게 남은, 일종의 흉터라 보면 되겠다. 그런데 태아(胎兒)의 콜라겐은 어른의 것과는 달라서 흔적을 남기지 않는다는데 그 원리를 활용하겠다고 학자들은 눈에 쌍불을 켜고 있다. 결국 심하게 다쳐도 흉터가 남지 않는 세상이 온다는 말이다.

지금까지 우리 몸속에 생긴 이물이나 죽은 세포까지도 청소부(scavenger)인 백혈구가 맡아 없앤다는 이야기를 했다. 결국 백혈구는 우리 몸을 보호하는 경찰과 헌병인 셈이다.

바람에 실려 온 페니실린

　때는 1928년 9월 23일. 한 달 반 동안의 여름휴가를 마치고 돌아온 플레밍(Flemming)은 "It's funny(야, 무슨 이런 일이)?!"라며 화들짝 놀라 탄성을 질렀다. 연구실에 산더미처럼 쌓아 놓고 갔던 고름세균인 화농균(化膿菌)을 실험하던 배양접시 하나가 사고(?)를 친 것이다. 다른 접시의 것은 화농균이 잘 번식하여 균으로 꽉 덮여 있었으나 오직 한 접시에서는 화농균이 자라지 못하고 있었다! 도대체 무슨 일이 있었던 것일까?

　그 다음 이야기는 나중에 하기로 하고, 재수 좋은 사람은 어딘가 다른 데가 있으니, 이 사건이 있기 전(1921년)에도 행운의 여신은 플레밍에게 날갯짓을 하며 날아온 적이 있었다. 지독한 감기에 걸렸던 플레밍은 황색세균으로 가득 찬 접시에 콧물 한 방울을 떨어뜨리고 만다. 나중에 보니 콧물이 떨어진 자리에 세균이 말끔하게 죽어 있는 게 아닌가!? 필자도 웬만큼 가렵거나 벌레 물린 자리에는 침을 쓱 발라 둔다. 침은 천연 연고요, 천연 물파스라 강조하면서 외손자의 팔뚝에도 그것을 발라 준다. 처음엔 더럽다고 펄펄 뛰는 그 녀석도 이제는 예사로 받아들인다. 어쨌거나 이 사건을 통해 플레밍은 사람의 눈물, 콧물, 침에는 세균의 생육(生育)을 억제하는 항생물 물질인 라이소자임이 들어 있다는 것을 발견하게 되었고, 이 경험은 앞에서 말한 화농균이 사라져 버린 것을 예사로 보고 넘기지 않게 했던 것이다.

위대한 과학의 업적도 이렇게 '어쩌다', '우연(偶然)'이라는 것이 결정하는 경우가 허다하다. 그래서 사람이 살아가는 데 "필요 없는 경험은 없다."라고 하는 것이고, 실제로 수많은 공적 중에는 이런 우연성이 있어 왔다. 필자 같은 사람은 초등학교를 졸업하고 산에서 나무를 하고 지냈으나 학운(學運)이 있었는지 '우연히' 시골 면 소재지에 중학교가 생기면서 계속 공부를 하게 되었다.

"페니실린을 발명한 건 자연입니다"

앞의 화농균 이야기로 돌아가자. 플레밍은 3층에 있는 연구실에서 화농균인 포도상구균을 연구하고 있었다. 그런데 2층의 연구실, 즉 천식 알레르기를 연구하는 방에서 배양하던 푸른곰팡이(green mold fungi, *Penicillium notatum*) 홀씨가 바람을 타고 3층으로 날려 와 휴가를 가느라 아무 데나 처박아 둔, 일부 뚜껑이 열린 배양접시에 사뿐히 앉았던 것이다.

'푸른곰팡이'는 빵이나 떡 같은 음식에 많이 생긴다. 그리고 세균끼리는 물론이고 세균과 곰팡이, 곰팡이와 곰팡이 사이에서도 서로 다툼(살생)이 있는지라, 문제의 배양접시로 날려 온 푸른곰팡이가 화농세균을 죽였던 것이다. 바로 이 푸른곰팡이가 분비한 항생제(抗生劑) 물질, 즉 페니실린(penicillin)이 화농균을 못 자라게 했던 것이고. 다시 말하면 접시의 일부분은 페니실린 때문에 화농균이 자라지 못해 배지가 말간 그대로 있었고, 나머지는 화농균이 왕성하게 번식하였다. 실험을 다 끝내고 방치해 둔 접시에서 대사건이 일어난 것이니 이것이야말로 우연하게 일어난 일이 아니고 무엇이겠는가.

플레밍은 접시에 낀 푸른곰팡이만 분리하여 액체 배지에 키워 보았고 이윽고 그것이 사람 몸에 흔히 사는 세균을 죽이는 물질을 만들어 낸다는 것을 알았다. 아무튼 바람에 실려 온 억센 재수요, 행운인 것이다. 정상으로 장치한 실험장치가 아닌 내팽개쳐 놓은 실험접시에서 이런 기적 같은 일이 일어난 것이다. 한 달이 넘게 실컷 휴가까지 보내고 말이다. 일에만 매달릴 것이 아니라 적당히 여가도 즐기면서 연구해야 한다는 말이 일견 설득력을 얻는다. 일할 때는 일하고 놀 때는 놀아라!

콸콸 흐르는 여울물에서 달을 보지 못한다. 쉬고 또 쉬어라!

"수천 가지의 곰팡이가 있고, 수천 가지의 세균이 있는데 마침 알맞은 시간, 알맞은 장소에 푸른곰팡이 홀씨가 떨어졌다는 것은 마치 복권에 당첨된 것과 같다."라고 플레밍이 여러 사람들 앞에서 말했듯이 그는 참 재수가 좋았던 것이다. 그러나 그 재수는 그냥 우연히 오는 것이 아니라 '노력하는 자'에게만 찾아오는 행운이요 필연(必然)이다. 플레밍은 평생, 하루에 잠을 세 시간밖에 자지 않고 노력한 것으로 유명한 사람이 아니던가. '피와 땀의 결실'이란 말조차 그의 노고를 위로하는 데 턱없이 부족하다는 느낌이 든다.

플레밍은 불순물이 없는 물질, 즉 푸른곰팡이에서 페니실린을 얻어 보려고 노력을 했으나 단순한 미생물학자였기 때문에 한계를 느낄 수밖에 없었다. 그는 1929년에 그때까지 관찰한 내용을 논문으로 발표하였고, 이후 1940년에 병리학자 플로리(Howard walter Florey)와 생화학자 체인(Sir Ernst Boris Chain)이 최후의 마름질을 하여 실제로 정제(精製)되고 대량으로 실용화된 페니실린이라는 물질을 만들어 내기에 이르렀다. 그리하여 1945년에 세 명이 공동으로 노벨상을 받기에 이른다. 아, 필자가 페니실린이 세상에 태어나던 해, 그것과 함께 출생을 하였구나! 그때 우리나라 '과학의 주소'는 과연 어디였던가?

그런데 플레밍의 또 다른 강연 내용에서 한 과학자의 겸손과 진실을 발견한다. "저는 페니실린을 발명하지 않았습니다. 자연이 만들었죠. 전 단지 그것을 발견했을 뿐입니다. 제가 단 하나, 남보다 나았던 점은 관찰한 것을 흘려보내지 않고 그 원인을 세균학자로서 계속 추적한 데 있습니다." 얼마나 진솔하며 교훈적인 말인가. 간단명료하면서도 자연계의 원리와 과학자의 연구자세를 촌철살인적(寸鐵殺人的)으로 표현하고 있다.

우리가 보지 못하고 느끼지도 못하는 자연의 비밀을 찾는 통찰력은 과학자만이 갖고 있다. 닳고 닳은 영혼의 눈을 가진 사람이 과학자인 것이다. 과학자는 과감한 도전정신에 엉뚱한 사고를 해야 하고, 무서운 집념에 과단성까지 있어야 한다. 무엇보다 하나를 끈질기게 물고 늘어져서, 더 흘릴 땀이 없을 때까지 파고드는 옹고집에, 아무리 어려운 일이어도 포기하거나 꺾이지 않는 기개가 있어야 한다. 플레밍도 그런 특성을 고루 갖춘 사람으로, 세균에 '미쳐' 살았다.

다시 말하지만 하루에 잠을 세 시간밖에 자지 않은 '독종'이다. 공부든 연구든 독한 사람만이 할 수 있다는 말이다. 물러터진 사람은 아무것도 하지 못한다. 건전한 미치광이라야 뭔가를 이룰 수 있다.

세균과 곰팡이의 무기, 항생제

우리가 먹거나 맞는 항생제는 세균이나 곰팡이를 대량 배양해 그들이 분비한 것에서 얻은 것인데, 눈에 안 보이는 그 미소(微小)한 곰팡이나 세균들이 자기들을 보호하고 또 남(세균, 곰팡이, 바이러스 등)을 공격하기 위해서 만든, 말 그대로 비장의 무기를 가리킨다. 오랑캐로 오랑캐를 무찌르듯이(이이제이, 以夷制夷) 세균, 곰팡이에서 뽑은 항생제가 다시 세균이나 곰팡이를 죽인다. 세균과 곰팡이가 그들의 무기(항생제)에 대한 비밀을 사람에게 들키고 만 셈인데 그 암호를 제일 먼저 훔쳐 풀어낸 사람이 바로 플레밍이었다. 그는 화농균과 푸른곰팡이의 싸움을 관찰한 끝에 그 전투에서 세균이 지더라는 것을 확인하였고, 그때 쓴 비밀무기가 곧 페니실린이라는 것을 알아냈던 것이다.

그런데 영리한 인간들이 그 무기물질을 뽑아 그들을 다시 죽이니 이거야말로 독으로 독을 이기는 이독제독(以毒制毒) 작전이다. 아무튼 항생제(다른 생물의 생육을 억제하는 물질이란 뜻임)라는 약이 없는 세상은 요지경이라, 오늘도 도처에서 기운 달리고 힘 부치는 저 많은 환자들은 이것이 없다면 시체나 다름없으리라. 손가락을 조금만 베어도, 감기만 걸려도 먹는 것이 항생제가 아니던가. 우리의 명을 좌지우지하는 것이 바로 이 항생제이다. 환자는 항생제로 도배를 한다, 안팎으로. 주사 맞고 약 바르고 하여서.

페니실린이 항생제라는 항구(港口)를 처음으로 열었다면, 지금은 300가지가 넘는 항생제라는 배가 거기로 드나들고 있다. 세균이나 곰팡이도 그렇지, 어쩌다가 자기들의 꿍꿍이 속, 비밀병기(항생물질)를 들켜 인간들의 심한 역공(逆攻)에 시달리게 되었단 말인가. 아쉽다. 그렇지 않았다면 동식물은 물론이고 사람도 제 마음대로 요리하여 파먹고 녹여 먹을 터인데…….

항생제를 뽑는 미생물들은 주로 흙에 산다. 그래서 이들을 토양미생물이라 한다. 이들은 흙의 유기물을 분해하여 먹고사는데 밭을 매거나 풀을 뽑았을 때 나는 고소한 흙내음이 바로 이들이 분비하는 냄새이다. 또 토양 속에는 소량이지만 이것들이 싸우느라 쏘아 댄 화약(항생제)이 들어 있다. 그래서 옛날에 꼴 베다 베인 손가락에 흙을 듬뿍 발라 뒀던 것일까. 그런데 모래에서는 흙냄새가 나지 않는다. 흙에 퇴비가 많이 들어 있어야 토양미생물이 득실거리고 그래야 풋풋한 땅 냄새가 난다. 그런데 모래는 그렇지가 못하다. 사람도 모래처럼 마음이 메마른 사람에게서는 향기, 사람냄새가 없다. 흙냄새가 고소하면 죽을 날이 가까워졌다고 하던가. 그래도 인삼, 냉이뿌리 냄새를 내뿜는 토향(土香)에는 토기(土氣)가 그득히 배어 있어서 좋다. 흙이란 누구나 다시 돌아가야 할 어머니의 땅, 모토(母土)라서 그런 것이리라. 흙에서 항생제가 만들어지기도 한다.

항생제는 곰팡이나 세균을 배양하여 대량으로 얻는다고 했다. 페니실린은 푸른곰팡이에서 얻은 것이며, 이것말고도 항생제를 뽑아내는 곰팡이에는 케팔로스포리움(*Cephalosporium*), 미크로모노스포라(*Micromonospora*) 무리가 있고, 항생제 추출 대상 세균에는 간균(*Bacillus*), 포도상구균(*Staphylococcus*) 등이 있다. 여기에 이것들의 학명을 소개한 것은 항생제를 추출하는 곰팡이나 세균이 여러 가지라는 것을 알리고 싶어서이다. 즉 300여 가지 항생제는 300여 가지의 미생물에서 뽑았다는 말이다. 즉 각각 다른 미생물에서 각각 다른 항생제를 뽑아낸다.

그건 그렇고, 우리도 이제 할 말이 생겼다. 항생제 하면 꿀 먹은 벙어리로 남아 있었는데 금년에 우리도 '팩티브(Fective)'라는 새로운 항생제를 만들어서, 열 손가락 안에 드는 '항생제 제조국'이 되었으니 말이다. 그 조악한 연구 환경에서 연꽃을 피워 냈으니 그저 자랑스러울 뿐이다. 과학의 힘은 국력을 재는 자라고 하는데 용맹정진, 진력(盡力)을 다하여 우리의 과학이 은성(殷盛)하다는 것을 증명해 보인 것이다.

그러면 어떻게 항생제가 세균이나 곰팡이의 성장을 억제하고 죽이는지 보도록 하자. 항생제는 종류에 따라서 세균의 세포벽을 합성하는 효소의 기능을 억제하거나 세포벽을 파괴하는 효소 기능을 항진(亢進)시켜서 세포벽을 형성하지 못하게 하거나 단백질 합성을 억제하여 새로운 세포를 만들지 못하게 하거나 자신이 세포막의 인지질(燐脂質)에 달라붙어서 인지질의 기능을 억제하여 세포 속의 고분자 물질이 새어 나가게 하거나, 핵산 복제를 책임지고 있는 효소에 달라붙어 복제를 막는 등 다 다르게 작용한다. 따라서 세균(병)의 특성에 맞게 항생제를 다르게 처방하는 것이다.

그런데 세균도 그렇게 만만하지 않아서 항생제에 당하기만 하지 않는다. 한 세균에 같은 항생제를 자주 쓰면 세균 역시 항생제의 작전을 잽싸게 알아내고 반작용을 일으킨다. 맞선다는 말이다. 한 예로, 여러 번 공격을 받은 한 세균은 페니실린을 분해하는 효소인 페니실리나제(penicillinase)를 새로 만들어 내어 페니실린을 늑여 버린다. 또 세균에 들어온 항생제를 쏟아 내어 버린다거나 무력화시키는 등 여러 방법으로 살아남기를 시도한다. 이런 성질을 세균이 내성(耐性)을 가졌다고 하는데, 이런 항생제에 대한 저항성은 모두 세균의 돌연변이에 의해 생긴 것이다. 변하지 않는 것이 없다고, 세균도 쉼 없이 변한다. 때문에 항생제를 써야 할 때는 아낌없이 처방해서 변종이 살아남지 못하게 뿌리를 뽑아야 한다. 따라붙지 못하게.

약치고 이로운 것이 없다고 했는데 특히 항생제는 좋지 않으니(세균과 곰팡이에서 뽑은 독이 아닌가) 투약을 삼가는 것이 옳다. 의사 처방 없이 제 맘대로 항생제를 사 먹을 수 없게 된 것은 아주 잘된 일이다. 얼마 전만 해도 아무나, 어디서나 항생제를 밥 먹듯 사 먹을 수가 있지 않았는가. 의약분업이라는 제도가 제대로 뿌리를 내린 덕이다.

쫓고 쫓기는 사람과 세균

어쨌든 항생제는 내성균을 만들어 내고 이 내성균을 잡기 위해 사람은 새로운 항생제를 만들어 낸다. 그러면 세균은 그것에 대한 내성을 띠게 되고, 그러면 또 사람은 새로운 항생제를 만든다. 오늘도 세균과 사람이 앞서거니 뒤서거니 하면서 달리고 있는 것이다. 우리나라에도 이미 가장 강하다는 반코마이신(Vancomycin)에 끄떡 않는 슈퍼세균이 생겨났다고 걱정을 하고 있는 실정이 아닌가. 결국 그 세균을 죽이는 약이 없다는 것이니, 항생제도 칼의 양날과 같아서 잘 쓰면 좋으나 과용하면 이렇게 커다란 뒤탈을 남긴다. 항생제에 꿈쩍도 않는 강한 이 세균이 죽으면 옆에 있는 세균이 그것의 핵산(세균은 죽어도 염색체와 플라스미드를 이루는 이 핵산은 변성하지 않고 남음)을 주워 먹어서 그놈도 곧바로 슈퍼세균이 된다.

이런 일이 반복하여 일어나면 여러 사람에게 감염되고 전염되니, 이 공포의 세균은 언젠가 나에게도 들어올 수 있다. 또한 항생제를 장기적으로 많이 쓰고 있는 사람은 지금 바로 자기 몸속에 이런 슈퍼세균을 키우고 있는지 모른다. 평소에 항생제를 쓰지 않은 사람은 병에 걸렸을 때 약한 항생제로 가볍게 처치해도 쉽게 빨리 병이 나을 수가 있다. 이런 사실을 안다면 항생제 가까이 하기를 꺼려할 것이다.

사람이 다른 동물과 다르게 병(세균, 곰팡이)을 이길 수 있는 것은 바로 그들이 분비하는 항생제를 쓰기에 그렇다. 일종의 위대한 문화를 누리고 있는 셈인데, 아마도 사람의 평균수명이 갑자기 늘어난 것은 영양 상태가 좋아지거나 깨끗한 환경 탓도 있겠지만, 뭐니뭐니해도 병원성세균 연구에 미쳐 살았던 한 세균학자 플레밍의 덕(德)임에 분명하다.

길은 내기가 어렵지 낸 길을 가기는 쉽다. 항생제는 '송공(頌功)'이란 말이 아로새겨진 최고의 훈장을 달고 있는 것이요, 과학이 이룬 최고의 금자탑(金子塔)이다. 그래서 그것이 우렁찬 찬가(讚歌)를 부르면서 경이롭게 뭇 병마를 무찌르고 있는 것이다. 문화나 과학에 비약(飛躍)이란 없다. 페니실린에서 시작한 항생제의 역사가 드디어 국산 항균제인 팩티브 생산에 이르렀다. 항생제 하나 개발하는 것이 이렇게 어렵다는 것을 팩티브가 말해 주고 있다.

세균과 곰팡이가 저 살자고 만들어 뿜어 내는 것이 항생제임을 알았다. 이것은 무서운 독성을 가져서 생병(生病)을 앓게 하는 것이니 가능한 멀리하는 것이 좋고 옳다. 그리고 세균이나 곰팡이 모두 양면성을 가지고 있어서 잘 쓰면 약이지만 잘못 쓰면 독이 된다. 단언컨대 이들 미생물은 우리 인간에 득이 되고 이로운 점이 훨씬 더 많다는 것을 강조해 둔다. 더불어 살아야 하는 우리 친구이다.

사람의 맹장은 천덕꾸러기인가?

진화라는 말만 나와도 발칙한 소리를 한다고 화드득 놀라고 눈에 쌍불을 켜는 사람들이 있다. 진화라는 말은 아예 운도 떼지 못하게 하는, 창조설을 뼛속까지 믿고 사는 사람들이 그들이다. 진화란 "외계의 영향과 내부의 발전에 의해서 간단한 것(미분화)에서 복잡(분화)한 것으로, 하등에서 고등으로, 동종(同種)에서 이종(異種)으로 그 체제를 향상하여 가는 것"이라 설명되고 있다. 생물이란 고정, 불변하는 게 아니라 언제나 변한다는 것이 다윈의 생각이요 주장이다. 필자가 입에 달고 사는 말 '제행무상'이란 말도 알고 보면 진화가 아닌가.

세상에 바뀌지 않는 것이 없다. 과거는 지난 것이라 의미가 없고, 미래는 아직 오지 않았으니 그 또한 무의미한 것이고, 살고 있는 지금이 제일 중요한 것이지만 그것도 가만히 있지 않고 수시로 바뀌고 있으니 이 역시 덧없다. 그러면 어쩌란 말인가? 생사불이(生死不二), 삶이란 공(空)이니 집착하지 말라고 부처가 일러주건만……. 한땀 한땀 늙어 가는 노화(老化) 역시 진화의 한 자락일 터.

얼뜨기 짝이 없는 두 설(說)의 틈바구니를 비집고 들어가 왈가왈부하자는 것이 아니다. 필자는 "둘 다 일리가 있다."라고 생각하는 축에 드는 사람으로, 두 설명 모두 완전한 설득력이 있다고는 볼 수 없다. 진화라는 것도 바뀜 정도로 이해하고 싶다. 아니면 "진화 그 자체도 하느님이 만든 것이다."라고 믿으면 어떨까 싶다. 우리 같은 사람은 '이런들 어쩌하리, 저런들 어쩌하리'로 지나가지만 따지는 사람들은 죽기 살기로 드잡이 하면서 달려든다. 남의 흉은 홍두깨로, 제 흠은 바늘로 보인다고 하던가.

사람도 자연의 일부일 뿐

생물학에서는 진화를 크게 둘로 나눈다. 개체군 안에서 일어나는 작은 변화인 소진화와 하나의 종이 죽거나 새로 생기는 대진화가 그것인데 사람의 경우에 그런 일이 일어난다면 전자에 속할 것이다. 다른 말로 진화라는 것은 눈에 확 띄게 하루아침에 벌떡 일어나는 것이 아니라 긴긴 세월 동안(지질학에서는 시간의 단위가 우리가 쓰는 1초가 아니라 100만 년이 아니던가!)

조금씩 바뀌어 차곡차곡 쌓이는 것이다. 그리고 진화의 가장 중요한 요인은 돌연변이와 격리인데 실제로 사람에게 이런 일이 단시간에 일어난다는 것은 불가능하다.

헌데, 사람도 자연계를 구성하는 일부인지라 자연이 진행하는 방향으로 같이 끌려갈 수밖에 없다. 진화를 다른 각도로 설명하면, 오랜 시간에 걸쳐서 생물들이 가지고 있는 전체 유전자 중에서 몇 개가 변화를 일으키는 것이다. 이런 유전자의 차이를 보이게 하는 것은 음식이나 주거 환경이라기보다는 문화나 의학의 발달 정도가 되겠다.

하지만 문화도 별것이 아니어서 커다란 영향을 미치지는 못하고, 의학이라는 것도 유전자의 변화를 지배하지는 못한다. 문화와 등지고 사는 저 산사(山寺)의 스님과 그것의 소용돌이에 휩쓸리며 살아가는 우리와 비교할 때 무슨 유전자의 차이가 나겠느냐는 것이다. 그리고 지지리 못난 지구인의 반가량이 의학의 오지에서 전기, 전화기가 뭔지도 모르고 썰렁하게 살고 있지 않는가. 결코 홍모(鴻毛)같이 가벼운 문화 쪼가리가 너럭바위처럼 무거운 유전자를 흔들지 못한다는 말이다. 그러나 긴긴 세월에는 그 너럭바위도 풍화작용을 이기지 못하고……

결론이 되겠지만 사람의 진화는 함부로 논할 대상이 되지도 못하고 또한 몇백 년 안에 작은 변화를 기대하는 것도 무리다.

옛날 사람과 지금 젊은이의 얼굴이 달라 보이고 그들의 행동 또한 달라졌다고 그것을 놓고 진화라고 해석할 수는 없다. 뿌리 인자형(因子型)은 그대로 있는데 잘 먹고 의학의 혜택을 받아 잎사귀 표현형(表現型)에 조금 차이가 생겼을 뿐이다. "뿌리는 조상이요, 줄기는 부모, 잎은 자식이다."라는 말이 새삼스럽게 들리는 것은 못 다한 효도가 아쉬워 그러리라.

그런데 몇백만 년을 거치면서 퇴화했는지 사람의 몸에 여러 가지 쓰다 남은 흔적기관이 있다. 귓바퀴를 움직이게 하는 동이근(動耳筋), 눈의 순막(瞬膜), 막창자꼬리(충수, 충양돌기)가 그것이다. 여기서 진화 이야기는 일단 접어 두고, 충수(蟲垂)에 대해서 간략히 보도록 하자. 과연 이것은 퇴화되어서 쓸모가 없는 것일까. 의학도 유행을 타는지라 한때는 다른 일로 배(복부) 수술을 할 때면 일부러 이것을 잘라 버렸다. 우선 이 새끼손가락만 한(길이가 8~10센티미터, 직경이 1.3센티미터) 돌기를 이해하기 위해서는 다른 초식동물의 창자구조를 조금 알아야 하고, 사람도 원래는 초식동물이었다는 전제 조건도 고려해야 한다.

초식동물은 크게 둘로 나눠 볼 수가 있다. 하나는 소나 염소 같이 되새김질을 하는 반추위(反芻胃)를 가진 동물로, 이들은 먹이(풀)를 위에다 저장하여 여러 미생물들이 발효를 일으킨다. 또 하나는 동물로, 이들은 위가 없는 대신에 대장(大腸)의 첫 부위인 맹장에 먹이를 오래 넣어 두어 역시 미생물들이 먹이(섬유소)를 분해토록 한다. 사람이나 돼지, 토끼, 말 같은 동물에게는 섬유소를 분해하는 셀룰라아제라는 효소가 없다. 대신 이 미생물들이 셀룰라아제를 가지고 있어서 우리는 이들의 신세를 지고 산다. 이들 세균은 없어서는 안 되는 절대 절명한 공생세균(共生細菌)인 것이다.

토끼가 가끔 제 똥을 다시 주워 먹고 있는 것을 볼 수 있는데 이는 이들 미생물을 보충하기 위한 행위이다. 하지만 이런 사실을 아는 사람은 드물다. 다당류인 섬유소를 셀로비오즈(cellobiose)라는 이당류로 분해하는 셀룰라아제(cellulase), 또 그것을 단당류인 포도당으로 분해하는 효소인 셀로비아제(cellobiase) 같은 것을 미생물들이 모두 분비한다. 그러니 초식동물들은 이 세균 없는 세상을 상상도 할 수 없고 우리에게도 절대 없어서는 안 되는 것이 바로 세균이다.

우리의 대장에서도 500여 가지의 미생물들이 소화·흡수되고 남은 섬유소를 분해하여 비타민을 공급하고 대변을 술술 잘 빠져나가게 하는 등 여러 가지 일을 수행하고 있다. 몸의 하수구, 정화조인 대장이 튼튼해야 건강한 것이다. 하니, 미생물이 중요하다는 것에는 의심할 여지가 없다. 이야기가 삼천포로 빠졌는데 아무튼 초식동물은 미생물과 공생하지 않고는 살 수가 없다. 미생물이 반추위와 맹장에 살면서 섬유소를 분해해 주니 초식동물은 이것으로 양분을 얻는다. 미생물들 또한 삶터를 얻는 것은 물론 섬유소를 분해할 때 나오는 에너지를 얻어 살아갈 수 있으니 좋다. 자연계의 절묘한 서로 돕기가 아니고 무엇인가!

아무튼 이들 초식동물들은 반추위가 아니면 맹장을 가지고 있어서 섬유소를 분해하여 섭취하는데, 사람은 맹장이 퇴화되어 버리고 말았다. 초식을 하던 옛날에는 맹장이 음식물의 소화에 중요한 몫을 했으나, 잡식을 하다 보니 그렇게 퇴화되고 말았다는 것이다. 그렇다면 육식동물의 맹장은 어떨까. 그것들은 창자가 아주 짧고 간단하며(고기는 소화가 잘 되니까) 맹장도 아주 작거나 숫제 없다. 초식하는 놈들은 맹장이 큰 탱크만 하고 잡식하는 사람은 조금 남아 있으며 육식하는 놈들은 숫제 없어져 버렸다고 하니, 창자가 식성과 깊은 관련이 있다는 것은 말이 된다. 이것도 일종의 진화의 결과일 것이다. 로마가 하루아침에 이뤄지지 않았듯이 말이다. 이런 일에도 길고 긴 세월이 걸렸다.

신비한 맹장

그렇다면 사람의 맹장은 어떤 일을 할까. 이제 소화기관의 일은 못한다. 충양돌기는 태아 때 아민(amines)이나 단백질성 호르몬을 만들어서 몸의 항상성을 유지하고, 창자에 있는 항원(이종 단백질)이나 이물질(異物質)을 제거하는 백혈구를 만들어 면역(免役) 기능을 한다. 출생 후에는 거기에 림프조직이 쌓여 있어서 스무 살에서 서른 살 때까지는 아주 활발한 면역 활동을 하지만 그 후에는 조금씩 기능이 떨어진다. 그러다가 예순 살을 넘어 노창(老蒼)의 그늘이 아스라이 서산에 어릴 때면 제 기능을 잃고 만다고 한다. 하지만 면역세포인 B 세포를 성숙시켜 주고 항체 단백질인 IgA(immunoglobulin A)를 생성하며 B 세포의 이동을 돕는 등 하는 일이 더 많을 것으로 추정된다. 사람과 고등영장류인 고릴라나 침팬지 외에는 이런 기관이 없어 연구가 거의 안 된 상태이기 때문에 상세한 기능은 모른다.

헌데 머리카락이 들어가거나 돌이 들어가서 염증이 생긴다는 말을 믿어야 하는 걸까? 아니다, 해괴망측한 엉터리 이야기이다. 맹장염은 말 그대로 면역이 떨어져서(몸이 약해서) 그 속에 들어 있는 세균이 염증을 일으킨 것이다. 그리고 요새는 몽땅, 싹둑 잘라내지 않고 잘 보관했다가 이것으로 병든 방광이나 괄약근 또는 요도 대치용으로 쓴다고 하니 세상에는 털끝만 한 것도 버릴 게 없다는 것을 다시 한번 생각하게 된다.

이야기가 엉뚱한 데로 흐른 감이 있지만 결국 말하고자 하는 것은 굳이 이 충수를 퇴화된 흔적기관으로만 봐야겠느냐는 것이다. 인간이 풀지 못하는 신비의 수수께끼로 남겨 두는 것은 어떨까. 마냥 허둥거리지 말고 삶과 사고의 여유를 가질 필요가 있다. 확실한 사실은 맹장을 제거한 후에는 면역성이 떨어진다는 것이다. 아무튼 이렇게 우리 몸의 일부가 바뀌었다는 사실은 세균이나 바이러스처럼(이놈들은 시간을 두고 바뀐다) 쓱쓱 바뀌지는 않지만 인간도 세월의 영향을 받아서 눈에 안 보이게 시나브로 바뀌어 간다는 것을 말해 준다.

허망하게도 세상에 바뀌지 않는 것은 없다. 물론 바뀌어야 한다. 어제의 나와 오늘의 내가 같아서야 되겠는가. 그렇다면 보나마나 내일의 나도 그대로일 터이니……. '어제가 옛날'이라는 말이 찰싹 몸에 와 달라붙는구나. 떠날 날이 돼지 꼬리만큼 남은 사람은 하루가 얼마나 아깝고 귀하게 느껴지는지 모른다. 그리고 숨 쉬고 간 그늘만이 아득히 펼쳐 있구나. 한 생은 없는 셈치고 공부나 더 열심히 할 것을……. 세월은 어느 누구도 붙잡아 맬 수 없는 것. 있는 사람, 없는 사람, 배운 사람, 무식쟁이도 이승 문턱을 넘어간다. 목욕탕에 들어갈 때는 누구나 다 옷을 홀딱 벗고 들어가듯 말이다. 아무튼 지구는 돌고 모든 것은 바뀌어만 간다. 저 충수는 더 짧아질까, 아니면 엉뚱하게 옛 모습을 되찾게 될까?

새롭게 각광받는 '다윈 의학'

생물의 진화는 '시계의 화살표 방향'으로만 일어난다고 하니, 곧 진화는 뒷걸음질을 하지 않고 앞으로만 진행한다고 할 수 있다. 어쩌면 과학자들의 습성과 사뭇 닮았다 하겠다.

유전학자 도브잔스키(Dobzhansky)는 "진화를 빼고 나면 생물학은 의미가 없다."라고까지 말했는데 사실 맞는 말이다. 진화가 빠진 생물학은 그 존재 가치를 잃고 만다. 그래서 다윈의 '자연 선택설(도태설)'은 사람을 다루는 의학에도 영향을 미치고 있는 것이리라

'다윈 의학(Darwin medicine)'이라 하여, 응용학문의 하나인 의학도 순수하게 생물학적인 관점에서 봐야 한다는 주장이 나오고 있다. 때문에 다윈 의학은 응용 생물학인 해부학이나 병리학적으로 사람을 보는 것이 아니다. 왜 사람은 암에 걸리게 되

어 있고, 사람에 따라서 병의 증상에 차이가 나는지, 과연 막창자(충수)를 잘라 버려도 되는지 등 좀 폭넓게 병의 원인에 접근하려는 의학인 셈이다. 좀 벅찬 감이 없지 않지만…….

몸에 염증이 있으면 어이하여 몸에 열이 나며, 감기에 걸리면 왜 콧물이 흐르고 기침을 하는가. 왜 임신 끝(임신을 하면 곧)에 입덧을 심하게 하는 것일까. 또 걸렸다면 죽음을 각오해야 했던 성병의 하나인 임질, 매독은 세월이 흐르면서 그 위력을 잃어 가고 사냥이나 해서 먹고살던 원시시대에는 없던 여러 가지 새로운 병들이 생겨나는 이유는 무엇일까. 어째서 빈혈을 일으키는 겸상적혈구빈혈(鎌狀赤血球貧血)에 걸린 사람은 말라리아(학질)에 걸리지 않는 것일까. 팔뚝 뼈가 지금 우리의 것보다 세 배 정도 굵으면 절대로 부러지지 않을 터인데 왜 이 정도밖에 되지 않을까. 알다가도 모를 일이 정말로 무수히 많다. 사람의 몸은 다른 생물과 마찬가지로 새롭게 진화된 방어 체계를 갖게 되었다. 대장균은 물론이고 스르르 기어드는 지네나 똬리를 틀고 있는 뱀과 맞닥뜨려도 이겨 살아남아 왔다.

그런데 냉혈동물인 도마뱀도 병균에 감염되어 몸이 으스스하면 따뜻한 곳으로 기어가 체온을 올리고 쥐도 같은 반응을 일으킨다고 한다. 우리도 감기에 걸리면 뜨끈한 국물을 한 사발 들이마시고 이불을 푹 뒤집어쓴 채 땀을 흘린다. 신통하게도 거기에도 이런 과학(다윈 의학)이 숨어 있었던 것이다.

입덧이 심할수록 태아는 튼튼해진다

잠시 이야기를 바꾸어 보자. 여자들은 임신을 하면 입덧이 나서 음식을 먹지 못하고, 메스꺼워 구역질을 한다. 어찌하여 오심(惡心)과 구토로 그 고생을 하는 것일까. 이를 삼신할머니의 시기 질투라고 해야 할까. 사람에 따라서 정도의 차이는 있지만 모두 입덧을 하는데 이것 또한 태아를 보호하는 긴요한 생리현상이다. 임신 3개월까지는 태아의 기관 발생이 가장 활발할 때이다. 이 시기에 만일 산모가 게걸스럽게 아무거나 먹다 보면 음식에 묻어(들어) 있는 독성분이 태아에게 해를 끼칠 수가 있다. 결과적으로 기형아나 유산의 위험이 있다는 것이다. 곰팡이, 세균의 독 외에 음식 자체가 갖는 독이 있고, 요새 같으면 과일에 묻은 농약, 제초제 등도 있다. 이렇게 기피해야 할 것이 수두룩하다.

몸에서 일으키는 여러 일들이 모두 필요불가결(必要不可缺)한 반응이라는 것을 느낄 수 있지 않는가. 입덧이 심하면 심할수록 유산 확률이 낮고 튼튼한 아이를 낳는다고 한다. 텔레비전에 나오는 음식만 봐도 헛구역질이 나더라는 필자의 큰딸애 이야기가 새삼스럽게 떠오른다. 이 어찌 오묘한 일이라 하지 않을 수가 있겠는가. 입맛은 변하여 신 것이 먹고 싶어지고. 그런데 왜 신 것이 먹고 싶어지는지는 풀어야 할 의문으로, 필자도 잘 모른다.

　그리고 상한 음식을 먹었을 때 발생하는 토사곽란(위로는 토하고 아래로는 설사를 하는 병)만 해도 병균이나 그 균이 분비한 독소를 씻어 낸다는 점에서 역시 몸을 돕는 반응이다. 놀라운 것은, 설사를 멈추게 하는 진짜 지사제(止瀉劑)를 먹인 경우와 밀가루와 같은 가짜 약인 위약(僞藥, placebo라 한다)을 먹였을 때 전자의 사람이 훨씬 설사를 일으키게 하는 시겔라(Shigella)세균이 더 오래 몸에 머문다고 한다. 그러므로 설사가 나면 물 많이 마시면서 화장실을 들락거리는 것이 최상이다. 약 먹지 말고 말이다. 이 말은 어린이나 노약자에겐 해당되지 않는다. 건강한 독자들에게 드리는 말씀!

　그리고 아무리 좋은 항생제가 나오고 면역 백신이 만들어진다 해도 병원균을 완전히 제어할 수는 없다. 그들은 사람보다 번식 속도가 빠르고 돌연변이도 많이 일어나서 내성균이 생기기 때문이다. 그런데 세균들도 숙주와 오래 지내게 되면(이상하게도) 악성(惡性)이던 것들이 양성(良性)으로 바뀐다.

　에이즈바이러스만 해도 그런 경향성을 띠기 시작하여 이제는 많은 사람이 일종의 면역성을 갖게 되었다고 한다. 이것은 병원균의 적응현상으로, 숙주를 죽이면 자기도 따라서 죽는데 새 임자(숙주)를 찾는다는 것이 쉽지 않다는 것을 그것들이 더 잘 알고 있기 때문이란다. 참, 묘하다. 오묘하기 짝이 없다!

　이것도 일종의 자연선택일 것이다. 알고 보면 사람이 가장 두려워할 대상은 세균도 바이러스도 독사도 아니고 사람 그 자체이다. 영역을 많이 확보해 고기를 더 얻고 씨를 많이 퍼뜨리기 위해서 전쟁을 벌이는데 그 전쟁이라는 것을 젊은이들끼리 한다는 것도 눈여겨볼 대목이다. 전쟁을 통해 씨앗을 더 많이, 더 멀리 퍼뜨리겠다는 것이다. 동해 바다의 물고기를 더 잡아먹겠다고 한국과 일본이 한 치의 양보를 하지 않는다.

숙주의 행동을 바꾸는 기생충

그런데 더 놀랄 일이 있다. 임신한 어머니와 태아 사이에도 피 터지는 다툼이 있다는 것이다. 엄마는 태아가 적게 먹어서 작게 태어났으면 하지만 태아 녀석은 엄마의 건강은 아랑곳하지 않고 뼈와 살을 녹일 듯 영양분을 뽑아 가니 야위어진 어머니는 고혈압에 걸리고 당뇨도 생기며 영양 결핍이 되기도 한다. 발칙한 놈들이라니! 입이 열 개라도 할 말이 없다. 우주만한 인연, 어머니의 고마움을 모르고 살아왔으니 말이다. 어미로 하여금 입덧을 나게 한 것도 바로 이런 관계로 설명이 된다. 표현이 좀 매정하고 잔인한 느낌이 들지만 어머니는 숙주요, 태아는 기생충이라는 등식이 성립된다. 기생충이 숙주의 행동을 바꾸는 한 예로 산모의 입덧을 들지 않는가. 기생충이 숙주를 가지고 논다!

기생충이 숙주의 행동을 조절하는 예를 다른 동물에서도 볼 수 있다. 유선형동물(類線形動物)에 속하는 연가시 무리가 있다. 서양인들은 말총(갈기나 꼬리털)이 물에 떨어진 것으로 생각하여 'horsehair worm'이라 부른다(옛날엔 거기나 여기나 다 자연을 믿고 순종했었다. 토테미즘도 다 같았고). 보통 길이가 10~70센티미터에 이르며, 연가시 중에는 유생(幼生) 시기를 곤충의 몸속에서 보내는 것이 있다. 실제로 한여름에 웅덩이나 옅은 냇물에서 철사 꼴로 길게 생긴 놈이 꿈틀거리고 있는 것을 볼 수 있다.

우리가 어릴 때는 그것을 만지면 손가락이 잘린다고 하여 꼬챙이로 괴롭혔던 기억이 난다. 그때는 무슨 금기(禁忌)가 그리도 많았던지. 금기를 어기면 "엄마가 죽는다."라거나 얽둑얽둑 얽은 "곰보가 된다."라는 말이 있어 벌벌 떨었다. 어쨌거나 이렇게 물속에 있는 놈은 성체(成體)이다. 거기에서 암수가 짝짓기를 하여 알을 낳으면 그 알에서 깨어 나온 어린 유생이 물밖으로 기어나가 근방의 풀잎에 딱 달라붙는다. 그래서 메뚜기 무리가 풀을 뜯어먹을 때 이 유생도 먹힌다. 이런 식으로 내장에 들어간 유생은 거기에서 메뚜기 살을 먹으며 자라 성충이 된다(그 메뚜기를 먹은 사마귀도 역시 이 기생충에 걸리게 됨). 여기서부터가 재미난다! 연가시가 자라서 배가 볼록해진 메뚜기나 사마귀는 물가로 가고 있는 것이다!? 이들이 알을 낳는 곳은 분명히 따뜻한, 양지바른 언덕 쪽이 아닌가. 배 속의 연가시가 숙주를 물 있는 곳으로 가도록 조정하고 있어서 그렇다. 물 냄새가 나는 곳으로 숙주를 조정하고 있다!

물 근방에 곤충이 도달하면 연가시는 갑자기 곤충의 똥구멍을 뚫고 재빨리 꾸물꾸물 기어 나와서 물속으로 들어간다. 실제로 사마귀를 잡아 보면 항문에서 실 같은 연가시가 스르르 기어 나오는 것을 볼 수 있다. 비행기 조종사가 연가시였다?

예를 더 들어 보자. 기생충이 숙주동물의 뇌를 조종하여 습성을 바꾼다! 영국 옥스퍼드대학 한 교수팀은 '톡소포자충'이란 기생충에 감염된 쥐의 행동을 연구했다. 톡소포자충은 0.003밀리미터 크기에 반달 모양이며 단세포로 되어 있다. 쥐의 몸속, 특히 뇌에서 주로 지내다가 고양이에게 옮아가서(고양이가 쥐를 잡아먹어) 번식한다. 번식한 유생은 고양이 똥에 섞여 나오고, 다시 이를 먹은 쥐에게로 간다.

톡소포자충에 감염된 쥐들은 고양이를 만나도 무서워하지 않고 도망치지도 않았다. 보통 쥐는 고양이가 뿜는 특수한 호르몬을 본능적으로 알아채고 두려움을 보이는데, 톡소포자충에 감염된 쥐는 고양이 호르몬에 전혀 반응하지 않았다. 이는 톡소포자충이 번식을 위해 쥐의 뇌를 조종한 결과로 해석된다. 이 포자충이 쥐에서 고양이로 옮겨 가려면 쥐가 고양이에 더 잘 잡아먹혀야 한다. 바로 그런 목적으로 쥐가 고양이를 두려워하지 않도록 만든 것. 그러면서 다른 뇌 기능은 전혀 건드리지 않았다. 톡소포자충 외에 많은 기생충들은 희생물이 된 동물(숙주)의 두뇌를 조종해 행동을 바꿔 놓는다.

개의 뇌에 자리 잡은 광견병바이러스는 개를 사납게 만든다. 개가 포악해져 다른 동물을 깨물면 바이러스는 그때 흘러나온 침을 타고 물린 동물에게 옮겨 간다. 또 사람에게 옮은 광견병 바이러스는 코의 신경을 자극해 재채기를 하도록 한다. 재채기할 때 나오는 바람을 타고 이동하려는 것이다. 그놈들의 재주가 기발하도다!

란셋흡충은 소 같은 초식동물의 몸속에 알을 낳는다. 이 알은 쇠똥에 섞여 나와 여러 과정을 거치면서 작은 애벌레가 되어 개미에게 들어간다. 그런데 성장해서 다시 알을 낳으려면 초식동물의 몸속으로 가는 것이 필수. 그래서 란셋흡충은 숙주인 개미의 두뇌를 조종해 개미로 하여금 밤이면 풀잎 끝에 올라가 가만히 있도록 한다. 초식동물이 풀을 뜯을 때 그놈들의 몸속으로 들어가려는 것이다. 그러나 햇볕이 따가운 낮에도 숙주인 개미를 계속 풀잎 위에 있게 했다가는 개미가 볕에 타서 죽을 수도 있으므로 낮에는 정상 상태로 돌아오게 한다.

작은 하루살이에도 기생충은 있다. 이 기생충은 물속에 알을 낳으며, 알에서 나온 새끼는 물에 사는 하루살이 애벌레의 몸을 뚫고 들어가 생활한다. 하루살이는 성충이 되면 떼 지어 날아올라서 짝짓기를 한다. 그리고 나면 수컷은 풀 위에 떨어져 죽고 암컷은 물가에 알을 낳는데, 이때 기생충이 암컷의 몸에서 빠져나와 물속에 알을 낳는다.

만일 기생충이 잘못해서 암컷이 아니라 수컷 하루살이의 몸에 들어갔다면 번식할 방법이 없다. 기생충은 이 문제도 해결했다. 이 기생충이 들어가면 하루살이 수컷의 겉모습과 행동이 암컷처럼 바뀐다. 수컷의 생식기가 생기지 않고, 알을 낳을 수 없는데도 암컷처럼 물가를 찾아간다. 그러면 기생충이 몸을 뚫고 나와 다시 물로 돌아간다. 허허, 이 기막힌 작전들!

뇌를 조종하는 것은 아니지만 번식을 위한 목적으로 사람에게서 병을 일으키는 기생충이 있다. 지렁이 같은 모양에 수컷은 5센티미터까지, 암컷은 60센티미터까지 자라는 메디나선충이 그것이다. 다행히 우리나라에는 없다. 메디나선충 역시 물속에 알을 낳고 여러 경로를 통해 사람 몸속으로 들어오는데, 번식을 하려면 다시 물속으로 들어가야 한다. 메디나선충은 사람의 발과 다리에 물집과 염증이 생기게 하는 방법으로 이를 해결했다.

약이 발달하기 전에는 물집으로 인한 쓰라림을 가라앉히기 위해 찬물에 발을 담그는 것이 보통이었다. 그때를 이용해 메디나선충은 다시 물로 돌아가는 것이다. 눈물나는 생존 전략에 내 혀가 한 뼘이나 빠져 버렸다! 기생충이 숙주의 행동을 바꾸는 이야기는 여기까지.

진화가 낳은 병

그건 그렇고 사람들이 잘 먹게 되면서 수렵생활을 할 때는 없었던 병이 새로 생겨났다. 동맥경화, 유방암 등의 몹쓸 병이 그것이다. 환경의 변화와 생활 방식의 차이는 여성들의 생리 횟수까지 바꾼다고 한다. 수렵시대에는 평생 평균 150회였던 것이 현대에는 400회가 넘는다고 한다. 바로 '진화'의 개념이 도입된 '다윈 의학'적 해석인 것이다.

헌데, 따뜻한 양지를 만드는 태양은 어두운 응달이라는 그림자도 만들어 낸다. 사람 몸에 이로운 것이 한편으로 해를 끼친다니 정말 아이러니가 아닐 수 없다. 일종의 보상작용(補償作用)이다. 해로운 산소를 제거하는 항산화제는 노화를 방지하지만 역으로 수명을 늘려 주는 피 속의 요산을 결정(結晶)으로 만들어서 그것을 관절에 쌓이게 하니 그것이 쓰라리고 아프기 그지없는 통풍(痛風)이라는 것이다. 또한 여러 항체는 강한 면역력으로 병원균의 감염을 막지만 한편으로는 자기 조직을 갉아먹는 류머티즘(rheumatism)을 일으키게 하지 않는가.

맹장염을 일으키는 막창자(맹장)가 너무 작으면 피가 통하지 않아 염증이 생길 가능성이 높기 때문에 막창자를 새끼손가락 크기로 남겨 두는 것도 진화의 결과라고 한다. 끝까지 퇴화시켜 버리지 않고 남겨 두는 것을 보면, 그것도 항체를 만드는 면역에 아주 중요하기 때문이리라. 우리 인체는 결코 바보가 아니다.

　그리고 도넛 모양의 적혈구가 풀 베는 낫 모양으로 쭈그러들어 산소를 제대로 운반하지 못해 빈혈을 일으키는 겸상적혈구빈혈이라는 병이 있다. 그 악성 유전자를 한 쌍 가지면 어릴 때 빈혈로 죽지만 하나도 없는 경우(정상일 경우)는 학질에 걸려서 죽기가 쉽다고 한다. 진퇴양난(進退兩難)이다!? 그러나 이상하게도 이 병을 일으키는 악성 유전자 하나만 갖는 경우에는 양쪽 모두 안전하다고 하니 말라리아가 많은 곳에서 일어나는 일종의 유리한 자연선택 현상인 것이다. 묘한 것이 우리 몸이다.

　사람의 눈이 0.1밀리미터의 크기까지만 보도록 만들어졌고 (그 이하는 보지 못한다) 귀도 개가 듣는 소리를 듣지 못할 정도로 만들어진 것도 흥미로운 일이라 하겠다. 눈이 1,000배 현미경 정도로 볼 수 있다면 손바닥의 세균이 콩알만 하게 보이고 공중의 먼지가 야구공만 했을 터이니, 이 정도로 보이는 것이 천만다행이다. 또 예민한 개 귀를 가졌다면 소음에 시달려서 살 수가 없었을 것이다. 과유불급(過猶不及), 넘치는 것은 모자람과 같다. 그래서 더도 덜도 아닌 '적당히'란 최고로 좋은 것이다.

　걸출한 유전자, 그것은 세월의 흐름을 타고 바뀌어 왔고, 앞으로도 끊임없이 바뀔 것이로다. 그래서 사람들이 그렇게 자

식 갖기를 소원한다. 그저 걸출한 유전자만 믿고 사는 우리들
이 아니던가. 생자유사(生者有死)라, 한 번 태어나면 반드시 죽
는다. 그러나 유전자는 남기고 간다! 아들딸 구별 않고 많이 낳
는 것은 곧 유전자를 많이 남기는 것이니, 우리의 몸은 고인
물이 아니라 눈에 안 보이게 고요히 흐르는 냇물이다. 내 몸은
죽어도 유전(流轉)하면서 흘러 전해지는 유전은 한도 끝도 없
다. 죽어도 죽지 않는 것이 영특하고 기특하여라!

편모충과 정자가 빼닮았다!

물경 45억 년 전(그래 봤자 태양 나이의 100만 분의 일에 해당함)에 큰 사달이 일어났다. 아버지 태양이 폭발하면서 그 일부가 떨어져 나와 내가 살고 있는 이 지구가 만들어졌다 한다. 생물학에서 말하는, 몸의 일부가 쑥 자라나 그것이 떨어져서 새로운 개체가 되는 '출아법'과 무던히도 빼닮았다. 이글거리는 그 불덩어리가 식어 가면서……. 대략 35억 년 전에 처음으로 생명이 탄생하였다고들 한다. 무슨 이런 뜬금없는 소리를?

그러면 느닷없이 태양에서 떨어져 나온 지구 태초(太初)의 진면목은 어떠했을까. 그때는 별똥들이 쉼 없이 지구를 냅다 때렸고, 지구의 자전 속도가 꽤나 빨라서 하루가 지금보다 짧은 18시간이었다고 한다.

또 지구에서 해를 보면 지금의 별들처럼 흐릿하였고, 대륙도 없었다. 단지 화산암이 크넓은 바다 밑에서 조금씩 위로 올라오기 시작하였으며, 너울거리는 용암이 분출했던 터에, 스산한 바람 소리만이 아스라이 지구의 존재를 알렸을 뿐 정적만이 감돌았다고 한다. 다시 말해 속세를 떠나 편안하고 고요하였던 것이다. 더할 나위 없는 그 멋진 세상에 살고 싶다! 살아 보지도 않은 사람들이 그때 그 일을 어찌 저렇게 잘도 알고 있담!? 시답잖은 귀신 씨 나락 까먹는 소리로 들리지 않는가. 어떤 탄생이든 아름답지만 한편으로 불완전한 것이다. 바이러스도 세균도 없었던 그 황량한 땅에 생명체가 재빠르게 나타나서 상상도 못할 속도로 생멸(生滅)의 뒤바뀜이 일어났다. 그러다가 숲이 생기고 강이 흐르며 바닷물이 출렁거리는 지금의 지구 모습에 이르게 되었다고 한다.

  첫 생명은 바다에서 사는 매우 뜨거운 온도를 잘 견디는 세균 무리였을 것이며 이들은 태양에너지를 이용하는 광합성은 하지 못하는 대신 열에너지를 이용하는 화학합성(化學合成)을 했을 것이라고 한다. 이에 대해서 세계의 학자들도 대체로 동의하고 있다. 그러나 지구 자체에서 생명체가 생길 수가 없고, 날아온 운석에 생명체가 묻어 온 것이라는 '운석설'을 주창하는 학자들도 있다. 만일에 화성에 생명이 있다는 것이 알려지면 운석설을 믿는 사람들에게 손을 들어 주는 결과가 될 수도 있을 것이다.

물에 담긴 깊은 뜻

샛길로 좀 빠져서, 화성의 물 이야기는 과연 어떤 의미를 가질까.

화성에 날아간 미국의 로봇 '스피릿(Spirit)'이 제일 먼저 찾아나선 것이 무엇이던가. 물이었다. 물이 있으면 생명이 존재할 수가 있으니 무엇보다 먼저 물의 유무를 확인하자는 것이다. 물은 생명의 원천이니까. 우리 몸(세포)도 기관에 따라 다르긴 하지만 평균 75퍼센트가 물이요, 수박 같은 생물(세포)은 95퍼센트가 물이다. 모든 생물은 세포가 모여서 되었다 해서 이를 '세포설'이라 한다.

그런데 우리 사람도 어머니 자궁 속에서 280여 일을 양수(羊水)라는 소금기 있는 물속에서 지내다 나왔다. 우리가 입에 넣었다 뱉었다 했던 자궁 속의 양수는 바로 소금물이다. 따스한 목욕탕 속에 들어갈 때의 그 야릇하고 포근한 기분은 바로 어머니의 양수를 새롭게 만나는 순간의 쾌감일 것이다.

생물체가 물 덩어리라는 것은 어떤 점에서 유리할까. 즉, 물 없이 생물이 생겨날 수 없는 까닭은 무엇일까. 물의 특성(징)을 살펴보면 그 답이 저절로 나온다. 봐 보자.

첫째, 물은 지구상에서 암모니아 다음으로 비열(比熱)이 큰 물질이다. 물 1그램을 1도 올리는데 무려 1칼로리나 든다. 물의 온도를 올리려면 암모니아 다음으로 많은 열이 필요하다는 뜻이다. 다시 말하면 물은 외부 온도가 변하더라도 그로 인해 상태가 쉽게 바뀌지 않는다는 것을 의미한다. 하여, 생물체도 물이 주성분이기에 외부 온도가 올라가거나 내려가도 그 영향을 별로 받지 않고 안정되게 체온을 유지한다. 만일 생물체가 쇠나 돌멩이로 되었다면 온도 변화에 민감하여 체온도 들쭉날쭉, 오르락내리락했을 것이다. 참 신통한 일이로다!

둘째, 물 1그램이 수증기(공기)로 바뀌는 데는 놀랍게도 기화열(氣化熱)이 500칼로리 정도가 든다. 즉, 더울 때 적은 땀을 흘리면서도 쉽게 체온을 식힐 수가 있다. 목욕탕 사우나실의 온도는 꽤나 높다. 그러나 우리 몸이 물로 되어 있기에 곧바로 체온이 올라가지 않는 것은 물론이고, 적은 땀만을 흘려 체온을 떨어뜨릴 수 있다. 그 또한 묘한 일이로다!

셋째, 물은 4도에서 비중(比重)이 가장 크다(제일 무겁다). 대부분의 물질은 온도가 내려갈수록 무거워지지만 물은 4도에서 제일 무겁다가 온도가 더 떨어지면 되레 가벼워진다. 그래서 물이 0도에서 얼어 얼음이 되면 가벼워져 물위로 떠오르게 된다. 곧 얼음은 위로 떠오르고 얼지 않은 무거운 물은 아래로 가라앉는다. 얼음이 물보다 더 무거웠다면 호수나 강바닥부터 온통 얼어붙을 뻔했다. 그렇게 되면 물속에 생물이 살지 못한다. 물풀은 물론이고 조개나 물고기가 얼음 속에 묻히게 되어 수중생물이 멸종되고 만다. 신비로운 자연현상이 아닌가. 이 또한 오묘한 물의 특성이었다!

넷째, 물은 수은을 제외하고는 표면장력(表面張力)이 가장 크다. 쉽게 말해서 물 표면은 팽팽한 힘을 갖는다. 그래서 곤충인 소금쟁이가 물 위에 뜰 수 있고, 세포가 일정한 형태를 유지할 수 있었다. 생물체가 팽팽하게 제 모양을 유지하는 것은 세포 속 물의 표면장력으로 인해 겉이 탄력성을 가지기 때문이다. 오묘하기 짝이 없는 물이로다!

다섯째, 물은 액체 중에서 점도(粘度)가 가장 낮다. 물이 끈적끈적하고 걸쭉하면 물이 주성분인 피가 어떻게 13만 킬로미터가 넘는 그 긴 모세혈관(실핏줄)을 흘러갈 수 있겠는가. 건강하려면 물을 많이 마시라고 한다. 그것은 피의 점도를 묽게 하여 피가 혈관에 술술 잘 흐르게 하기 위함이다. 피가 제대로 흐르지 못하면 영양분과 노폐물 운반에 지장을 받는다. 물의 신비로움이여!

여섯째, 물은 어느 용매보다 소금을 잘 용해시킨다(녹인다). 우리 몸에서 소금이 얼마나 중요한지 모른다. 소금을 적게 먹으라는 말은 들었어도 "먹지 말라."라는 말은 들은 적이 없을 것이다. 소금은 세포막 대사에서부터 신경에서 일어나는 흥분 전달에 이르기까지 절대적인 생리기능을 한다. 물이 있기에 이렇게 소금을 잘 녹일 수가 있다니, 이 또한 물의 신성함이 아니고 무엇이겠는가! 이제야 종교와 물이 왜 그렇게 끈을 맺고 있는지 짐작이 간다. 정녕 물은 물이 아니고 생명의 원천이요, 생명 그 자체인 것이다.

외할머니가 좋더라니!

다시 제자리로 돌아와서, 사람이 제아무리 오래 살아도 3만 6,500일을 못 산다. 몇십 억년 전의 일을 논한다는 것이 부질없고 가소롭기까지 하다고 생각할지 모르겠지만 그래도 호기심 덩어리인 인간들이 미주알고주알 파고들고 있다. 아마도 인간이기에 아등바등 이런 짓을 하고 있는 것이리라.

이야기가 좀 딱딱하고 지루할 것 같아서 사람 몸으로 잠깐 들어갔다가 고리타분한 이쪽으로 되돌아 나오도록 하겠다.

"사람 몸에 하등한 특징(진화의 흔적)이 더러 남아 있다."라고 하면 독자들은 믿지 않으려고 할지 모른다. 그러나 따져 보면 실제로 그런 점을 발견할 수가 있다. 호흡기관인 기관지(숨관가지)나 난자를 이동시키는 수란관에는 하등한 단세포생물인 섬모충류(예로 짚신벌레)가 가지고 있는 섬모가 수없이 많이 나 있고, 씨앗 정자는 세균이나 편모충류들이 흔히 갖는 편모를 지니며, 백혈구는 아메바처럼 세포를 마음대로 변형시켜 기어다니면서 세균을 잡아먹는다. 어느 때는 세균에 불과한 미토콘드리아가 세포 안에 있으면서 우리 몸에 열과 에너지(힘)를 내도록 하고 있지 않는가. 아무튼 웅덩이나 연못에 사는 원생

동물이 아직도 내 몸속에 스물거린다니 이를 어쩌지?

어쨌거나 사람 몸에도 여러 가지 진화의 '화석'이 남아 있다. 퇴화기관인 맹장이나 귓바퀴를 움직이게 하는 동이근, 눈구석에 남아 있는 살점인 순막 등을 논하자면 끝이 없다. 그리고 산소가 있어야 미토콘드리아에서 열과 에너지(ATP)를 내는데, 우리 근육에서는 산소가 없어도 에너지를 발산하는 하등한 생물의 특징인 무기호흡(근육의 해당 작용)을 하니 이것 또한 진화를 설명하는 좋은 단서가 된다.

난자는 정자보다 클뿐더러 거기에는 세포의 핵(난핵)과 다른 세포질이(세포소기관, 즉 골지체, 리보솜, 중심체 등) 모두 다 들어 있다. 이에 반해 정자는 세포질이 다 없어지고 오직 머리 부위에 유전물질, 즉 DNA로 채워진 정핵과 정자를 움직이게 하는 꼬리만 남아 있어서 알고 보면 아주 괴이한 비정상 세포이다. 정자를 만드는 정모세포(精母細胞)의 세포질은 죄다 정자의 꼬리 만드는 데 쓰여 그렇게 된 것이다. 정자는 난자를 찾아 달려가야 한다! 그리고 미토콘드리아가 난자에는 무려 30만여 개 들어 있으나 정자에는 고작 150개밖에 들어 있지 않다. 그나마 얼마 되지 않은 정자의 이것이 난자에 들어오면 난자가 거부 반응을 일으켜서 그것을 모두 파괴해 버린다. 하니, 미토콘드리아는 어머니에게서 받게 되며 이런 유전을 모계성유전 또는 세포질유전이라 한다.

따져 보면 어디 미토콘드리아뿐인가. 세포막 등 세포질은 몽땅 다 난자에서 받는다. 다시 말하지만 미토콘드리아는 난자의 세포질에 들어 있어 그것이 후손에게 대물림된다. 그렇다면 어머니는 과연 누구에게서 그것을 받았을까? 어머니는 '어머니의 어머니'인 외조모에서 받았으니 이런 점에서 외할머니와 외가의 의미를 새삼 되새겨 보게 된다. 하여, 모계 중심 사회가 자연법칙에 들어맞는 것이다. 괜스레 힘 좀 세다고 우격다짐으로 남성 본위의 사회를 만들어 놓았지만.

일반적으로 유전이라 하면 핵 속에 들어 있는 염색체 속의 유전자가 담당하는 것을 말한다. 어머니와 아버지에서 각각 23개씩 받은 염색체가 유전을 결정하니 이것이 곧 '핵유전'이다. 즉, 핵유전만 보면 유전자가 부와 모의 것이 각각 반반씩 똑같이 전해진다. 그러나 미토콘드리아는 핵이 아닌 세포질에 들어 있다. 핵의 유전자말고는 온통 어머니에게서 받는다는 것을 재음미할지어다. 놀랍지 않은가. 지고지순한 모정은 바로 이 세포질에 들어 있었다는 것이! 누가 뭐래도 내 몸의 미토콘드리아는 외할머니에서 물려받았다! 이런 사실을 처음 알았다면 지금 바로 감사전화라도 한통 드릴지어다. 외할머님 고맙습니다! 그래 어쩐지 외할머니가 좋더라니……

정자의 정기(精氣)를 받은 수정란이 자라서 3~4킬로그램의 아이로 탄생할 때까지의 모든 영양분을 어머니에게서 받는다는 것을 고려한다면 '어머니'라는 의미는 정말로 크고 위대하여 뭐라 표현키가 어렵다. '정(情)'이라는 말은 그래서 어머니를 상징하는 것이다. 어머니의 그 사랑이 이 미토콘드리아에 들어 있고 또 거기서 흘러나오는 것이 아닐까. 얼룩송아지도 엄마를 닮았다! 모든 것이 세월에 씻기어 머리, 마음에서 다 지워져 떠내려가건만 '어머니'라는 울림말 하나는 그 자리에 꿈쩍 않고 머물러 사라지지 않는다. 그놈의 미토콘드리아가 끈질기게 골수에 아직도 새겨져 있기 때문일까?

기상청 야유회에 비가 내린다?

다시 생물의 탄생으로 돌아와서, 지구의 생물은 '수리수리 마하수리'로 어떤 주력(呪力)으로 하루아침에 생긴 것이 아니라 차근차근 단계를 밟아 생겼다고 본다. 맨 처음에는 핵산 RNA가 만들어지고 다음에 DNA, 아미노산, 단백질 순서로 만들어졌다. 40억 년 전에 RNA가, 39억 년 전에 간단한 세포가, 또 20억 년 전에 복잡한 세포가 탄생하였다고 본다. 처음에는 세균 같은 원핵세포(原核細胞, 핵막이 없어서 핵 물질인 DNA가 흩어져 있음)가 만들어지고, 나중에 이야기하겠지만 대기 중에 산소가 생긴 후에는 유핵(진핵)세포가 만들어졌다고 본다. 그러나 철석같이 믿을 필요는 없다. 아마도 '그럴 것'이라는 단서가 붙어 있으니 말이다.

이에 비해 사람의 첫 조상은 고작(?) 400만 년 전, 현대인의 조상은 1만 년 전(이것도 여러 설이 있어서 헷갈림)이라고 볼 때, 내 손바닥의 세균들은 이 지구에 얼마나 일찍 온 선배들인지 모르겠다. 그래서 지구의 나이를 1년으로 보면 1년의 맨 끝자락인 12월 31일, 오후 8시에 인류가 태어난 꼴이다. 갓 태어난 막내둥이, 다른 말로는 끝물이다. 제일 늦게 온 주제에 그래도 머리 하나는 좋아서 떵떵거리며 다른 생물을 지배하고 있으니 대견스럽기도 하지만, 한편으로 꼬락서니가 우습기 짝이 없다. 굴러 온 돌이 박힌 돌을 뽑는다.

아무튼 생물들은 얼마나 강하고 다양한지 얼음 속에서 잘 사는 놈이 있는가 하면 유황온천같이 물이 부글부글 끓는 데서만 사는 유황세균도 있다. 일설에 의하면 바로 이 달걀 썩는 냄새가 나는(황화수소 때문이다) 유황온천에 사는 황세균들이 탄생의 기원이 되는 원시생물이고 유황온천이 초기 지구 상태와 비슷하다고 한다. 바다 밑에도 이와 아주 유사한 환경이 있어 용암과 가스가 솟아나고 주변에는 화학합성을 하는 세균이 있으며 이 세균들이 조개나 다른 무척추동물 몸속에 들어가 공생을 하는 예도 있다.

원시생물을 만들어 보려는 실험들이 많이 있었다. 그중에서도 밀러(Stanely Miller)의 아미노산 합성 실험이 유명한데 그는 초기 지구현상과 유사한 조건을 만들어 실험했다. 플라스크에

원시 대기의 상태와 비슷한 조건으로 수소, 암모니아(NH_3), 메탄가스(CH_4)를 타서 넣고(원시 대기에는 이산화탄소도 있었다고) 여기에 10만 볼트의 전기가 흐르게 했다(천둥 번개를 닮게 함). 그리고 플라스크 아래에는 물(바닷물을 대신함)을 집어넣어 하룻밤이 지난 후 보았더니 물이 누렇게 변했더라는 것이다.

이것은 여러 종류의 아미노산이 만들어진 결과로 생명의 시작을 암시하는 아주 귀한 실험이다. 그러나 아직도 물질대사를 영위하는 세포(생물체)는 만들지 못하고 있다. 절대로 하기 싫어 미적대고 있는 게 아니다. 하나의 세포에 지구 진화 역사가 배어 있는데 어찌 하루아침에 생명이 깃들어 있는 세포를 만들 수 있겠는가. 제발 꿈 깨라!

그런데 밀러의 실험에서 보듯이 초기의 지구 대기에는 산소가 없었다. 엽록체로 광합성을 한 것이 25억 년 전이고 그때 나온 산소가 대기를 가득 채우는 데는 10억 년이 걸렸으며 그 다음에야 다세포 생물이 등장하였다고 한다. 산소 탄생은 지구의 생물계를 완전히 뒤바꾸는 전기(轉機)가 되었으니 지금까지 무기호흡을 하던 혐기성(嫌氣性) 생물을 누르고(그들은 되레 산소를 만나면 죽는다. 그래서 여름 상처를 너무 싸잡아 매지 말라는 것이다) 유기호흡을 하는 호기성(好氣性)의 것들이 지구를 지배하기 시작한다. 그리고 약 5억 년 전에 광합성 기술을 습득한 고등녹색식물들이 그것을 먹고사는 동물의 등장을 가능케 했고, 덕분에 우리 사람도 지구에 출현하기에 이르렀다.

하도 알쏭달쏭하여 소설도 이런 소설이 없어 보인다. 그러나 사람의 탄생 하나는 천우신조(天佑神助), 눈물겨운 일이다. 그래서 요행히 필자도 세상에 태어나 파란만장한 삶을 살다 가게 되었다. 여기서 '파란만장'이란 말은 내 한살이가 아주 즐겁고, 기쁘고 마음에 들었다는 의미이다. 그렇게 살다가 역사의 뒤안길로 사라질 자리에 왔다. 바람 한번 건들건들 불면 흔적 없이 홀연히 사라질 나이에……

생명 탄생설은 섣불리 가늠하기가 어렵다. 무엇보다 바다에서든 유황온천에서든 아주 옛날 간단한 생물체가 만들어졌고 그것이 긴 세월을 지나오면서 바뀌어 지금의 생물이 되었다고 보는 것이다. 어쨌거나 여기에 기술한 이야기는 다 미흡하기 짝이 없는 엉터리 가설에 따른 것임을 다시 밝혀 둔다.

잘났다고 뻐기는 인간도 실상은 제 원류(源流), 뿌리도 제대로 모르고 사는 바보들이다. 기상청 야유회에 비가 내린다고 하지 않는가. 하루 일기도 못 보는 군상들이 엄청난 비밀인 '탄생'을 만만히 보고 이러쿵저러쿵하고 있으니 기가 막힌다. 맙소사, 그것을 여기에 쓰고 있는 필자도 한통속이 아닌가. 탄생은 죽음을 예고하는 것. 삶은 불평등하나 죽음 하나는 평등하다! 생사불이요 공(空)인 것을. 가고 머무는 것이 다르지 않듯이 생성과 소멸 또한 그러하다.

세균들의 공생 세계

생물계는 시각에 따라서 다르게 나뉜다. 여기서는 고전적인 분류 개념으로 세균과 곰팡이를 포함하는 미생물계, 식물계, 동물계 세 묶음으로 나눠서 살펴본다. 사실 식물과 동물은 떼려야 뗄 수 없는 관계라고 본다. 그러나 세균(박테리아)이나 곰팡이 하면 깔보고 죽일 놈, 우리를 괴롭히는 불공대천(不共戴天)으로 생각하기 쉽다. 불공대천이 무엇인가. "하늘을 같이 이지 못함"이라는 뜻이니 세상에 같이 살 수 없는 원한을 갖는다는 말이 아닌가.

그러나 세상에는 필요 없는 생물이 없다. 또 해만 끼치는 것도 아니다. 선입관이나 편견을 배제해야 한다. 모두가 필요하여 태어난 것임을 먼저 인정하고 수긍해야 자연계를 있는 그대로 순수하고 해맑게 볼 수가 있다. 망치를 쥔 사람에겐 모두

가 못으로 보이고 총을 든 사람에겐 죄다 사냥감으로 보인다
고 하던가.

식물과 세균의 공생

다른 말로, 크게 보면 이 지구상에 '기생생물(寄生生物)'은 없
다. 서로 도우며 살아가는 공생생물(共生生物)만 있을 뿐이다.
공생을 동물계에서는 '공서(共棲)'라고 한다. 아무튼 공생현상
을 다시, 서로 돕는다는 상리공생(相利共生)과 한쪽만 득을 본
다는 편리공생(片利共生)으로 나누는데 이 또한 인간 중심으로
나눈 것으로 다 부질없는 일이다. 생물계는 인간 중심이 아닌
다른 생물들의 입장에서 있는 그대로 객관적으로 볼 때라야
정확하게 보고 느낄 수 있기 때문이다.

공생이라고 하면 흔히 우리가 알고 있는 개미와 진딧물, 해
삼과 숨이고기 등 동물끼리의 예만 들지만 그것은 빙산의 일
각일 뿐, 동식물과 세균의 사이에도 헤아릴 수 없을 만큼 많다.
대표적인 예로 콩과식물과 뿌리혹박테리아[*Rhizobium sp.*]가 있
다. 콩과식물에는 여러 가지 콩, 팥, 토끼풀, 아까시나무, 싸리
나무, 등나무, 칡 등이 있다. 콩과식물 뿌리에는 공생세균이 살
고 있는데 이 녀석들은 질소 성분이 적은 땅에서도 잘 살 수가
있다. 비료의 삼대 요소가 질소(N), 인산(P), 칼륨(K)이고 그중
에서 가장 많이 필요한 것이 질소인데, 이 질소 성분이 부족한

땅에서 잘 산다니 공생세균은 녹록치 않은, 천혜(天惠)를 듬뿍 받은 창조물이라 하지 않을 수 없다.

뿌리에 들어온 뿌리혹박테리아는 앞서 말한 숙주식물에서 받은 영양분으로 살아간다. 그리고 공기 중의 질소(식물이 이용 못함)를 고정하여(드디어 이용함) 그것을 숙주에 제공한다. 이렇게 숙주식물과 뿌리혹박테리아는 서로 이익을 주고받으면서 살아간다. 이에 대해 좀 더 구체적으로 보도록 하자. 콩과식물은 세균을 안아 보듬기 위해서 먼저 뿌리털(단세포임)에서 가느다란 실을 뻗는다. 그리고 그 끝에 세균의 실이 들어올 수 있도록 작은 구멍을 내어 둔다. 그러면 뿌리혹박테리아는 그것을 알아차리고 가는 실, 즉 균사(菌絲)를 뿌리털 쪽으로 뻗어 뿌리털 안으로 들어가 서로 달라붙는다. 이를 융합이라 하는데, 일단 세균이 안에 들어오고 나면 콩과식물은 재빨리 뿌리털 끝의 문을 찰싹 닫아 버린다.

그런데 숙주와 세균 사이에는 서로를 알리고 알아내는, 그들만 아는 신호물질(주로 단백질이나 당 성분인 만노오스, mannose)이 있다. 그래서 정해진 식물에는 짝꿍 세균만이 들어가 사는 종특이성(種特異性, species-specific)이 있다. 이런 것을 '우주 같은 인연'이라 하는 것이리라! 결국 식물에 따라서 공생하는 세균이 다 다르다는 것으로, 땅콩과 싸리나무에 사는 뿌리혹박테리아가 같은 것이 아니란 말이다.

일단 뿌리에 들어가 자리를 잡은 세균은 재빠르게 번식해 뿌리에서 혹을 만든다. 뿌리에서 받은 전자(electron)를 써서 공기 중의 유리질소(공기의 80퍼센트를 차지함)를 붙잡는다. 니트로게나아제(nitrogenase) 효소가 이것을 식물이 바로 쓸 수 있는 암모늄이나 유기질소로 전환(환원)시키는데 이것이 바로 질소고정(nitrogen fixation)이다. 이런 엄청난 일은 오직 질소고정세균만이 감당한다. 이렇게 식물과 세균이 '함께살이'를 하니 서로가 없이는 절대로 못 산다. 이런 뿌리혹박테리아와 콩과식물의 관계가 바로 금실 좋은 부부 모습이 아니겠는가. 금실이 뭔가는 단현(斷絃, 부인의 죽음)의 아픔을 경험하지 않으면 모른다고 하니……. 이들 세균은 정말 유별난 힘을 가졌다.

그런데 사람들은 비싼 돈(에너지)을 들여 이들의 흉내를 내고 있으니 이것이 비료공장에서 만들어 내는 질소비료이다. 그런데 머리 좋은 호모사피엔스는 이 세균이 가지고 있는 '질소고정 유전자'를 떡하니 벼나 보리, 밀 등의 곡식에 집어넣는다. 그렇게 하면 스스로 질소를 고정하여 질소비료가 필요 없게 될 테니 말이다. 비료 없이도 쑥쑥 잘 자라는 곡식이 있겠거니 생각하면 경악을 금치 못한다. 과학자라는 이름을 가진 그 사람들이 절대로 예서 그칠 사람들이 아니다.

이런 질소고정을 하는 것에는 뿌리혹박테리아말고도 시아노박테리아(cyanobacteria)가 있다. 이들도 물이나 뭍에서 다른 동식물과 공생을 하며 살아간다. 이것은 지금의 녹색식물이 가지고 있는 엽록체의 전신(이것이 세포에 들어가서 엽록체가 됨)으로 추정되는 세균이다. 알고 보니 바로 이 시아노박테리아 덕택에 우리가 먹고산다. 이런 주장에 대해 의아해 하면서 고개를 갸우뚱거리는 독자도 많을 것이다.

동물과 세균의 공생

지금부터는 동물과 세균의 공생관계를 저 깊은 바닷속에서 찾아보도록 하자.

바다는 사람을 남자답게 만든다고 하던가. 여기, 물속에 불이 들어 있었다! 주변에는 그 곁불을 쬐는 동물들이 꿈틀거렸다! 1977년에 갈라파고스 군도에 있는, 먹물같이 어두운 2,800미터의 심해에서 살포시 솟아나는 화산 분화구 근방에서 몇 종의 조개와 게, 갯지렁이를 발견하였다. 문제는 여기는 햇빛이 들어오지 못하는 곳이라(바닷속으로 최고로 70~80미터까지만 빛이 통과함) 그것들의 먹이가 태양에너지를 쓰는 광합성 산물이 아니라는 것이다. 주변 바닷물 온도는 2도 정도밖에 안 되지만 분화구 근방은 7도에서 23도까지 올라가는데 이 더운물에 고등동물들이 산다는 데 학자들은 더더욱 놀랐다.

미리 말하지만 이 동물들은 원시 지구의 환경과 엇비슷한 그곳에서 10억 년 간이나 변함없이 옛날 모양을 간직하며 살고 있다. 그런데 그 동물들은 하나같이 창자가 없고 아가미는 아주 두껍고 투명하며, 오직 세균으로 가득 찬 '공생기관'만 발달했다. 그래서 내장의 대부분을 세균이 차지하고 있다고 한다. 허허, 조개·게·갯지렁이들의 뱃속을 세균 덩이가 꽉 채우고 있다니?!

공생기관을 꽉 채우고 있는 화학합성세균들이 분화구에서 쏟아져 나오는 황화수소를 산화시킨다. 그리고 이때 나오는 에너지(화학에너지)를 이용해 이산화탄소를 환원시켜서 탄소화합물을 만들어 낸다. 그것을 조개, 게, 갯지렁이들이 먹고살아가고 있다. 정말로 괴이한 생존전략이다. 그 깊은 바다에서 세균이 만들어 내는 먹이를 먹고 살아간다니. 이에 비하면 사람의 삶은 한없이 편하고 쉬울 뿐이다. 그런데도 너나 할것 없이 못 살겠다고 아우성을 친다. 여기 이 동물에 비한다면 그것은 다 흥에 겨워 내지르는 허언(虛言)에 지나지 않는다. "남의 염병이 내 고뿔보다 못하다."라는 거지. 자기가 언제나 지구의 중심에 있고, 제가 하는 일은 하나같이 지구보다 더 무겁다고 여긴다.

화학합성세균은 심해에서 삶터와 이산화탄소를 얻고 숙주동물은 이들에게서 먹이를 얻어먹고 산다. 둘 다 떨어져서는 못 사는 공생관계이다. 누가 언제 왜 이렇게 맺어 줬단 말인가. 우리 삶도 필연적인 우주 같은 공생의 끈(인연)으로 맺어진 것이다. "연을 귀하게 여겨라."라고 부르짖는 이유가 여기에 있다. 조개 없는 세균, 세균 없는 조개는 바로 당신 없는 나, 나 없는 당신의 모습임을 알자. 어느 시인의 말처럼 "흔해 빠진 물, 공기, 사랑은 값이 없다."라고 했는데, 그 말의 의미를 우리는 다 알고 있다. 흔하면 귀한 줄을 모르고 산다?

그런데 이런 화학합성으로 살아가는 동물은 깊은 바닷속말고 바닷가에도(황화수소가 공급되는 곳) 있다. 17종의 조개(이매패)가 그 예이다. 그러니 우리가 몰라서 그렇지 얼마나 많은 동물이 이런 화학합성이라는 원시적인 수단을 활용하여 살아가고 있겠는가.

즉, 광합성은 태양에너지를 이용하여 이산화탄소를 고정하여 양분을 만든다. 대신 화학합성은 화학에너지를 이용한다는 점이 조금 다를 뿐, 이산화탄소를 환원(고정)하여 탄수화물(양분)을 만든다는 점은 같다.

그런데 어찌하여 앞의 바닷속 동물들은 그 오랜 세월 동안 변하지도(진화하지도) 않은 것일까. 무엇인가를 잡아먹을 필요 없이 세균의 신세를 지고 살아왔으니 내장은 당연히 퇴화해 버렸을 것이다. 대신 세균들이 항상 먹을 것을 제공해 주었고 주변의 분화구라는 환경은 변하지 않으니 마냥 그대로 살아왔을 것이다.

분화구에서는 항상 황화수소와 이산화탄소가 쏟아지고 있

기 때문에 진화라는 것이 있을 수 없다. 냉혹한 환경에 놓인 생물이라야 변화가 일어난다. 기한(飢寒)에 발도심(發道心), 춥고 배가 고파야 착한 마음이 인다. 그래서 젊어 고생을 사서 하고, 궂은 일 마다 않고 피땀을 흘린다. 팔다리 운동도 근육에 고통(스트레스)을 주는 것이 아닌가. 역경(逆境)을 순경(順境)으로, 괴로움을 즐거움으로 승화시킬 줄 알게 되고……. 정녕 오늘의 고생은 내일의 삶에 영양가 많은 거름이 된다.

이제 '세포의 공생'('세포의 진화'라 해도 좋다)을 잠시 살펴보겠다. 앞에서 간단히 언급한 것처럼 세포 속의 엽록체와 미토콘드리아는 긴긴 세월, 세포가 진화를 하면서 동식물 세포에 들어왔다(침입했다, 잡아먹었다)고 한다. 엽록체를 갖지 못한 단세포 시아노박테리아가 원시세포에 들어가 엽록체가 되었고, 산소를 좋아하는 호기성세균이 세포에 들어가서 미토콘드리아가 되었다.

엽록체와 미토콘드리아는 세포 안에서 시아노박테리아와 호기성세균의 특징을 아직도 고스란히 가지고 있다. 그 예로 핵의 DNA 명령 없이도 독립적으로 자기의 DNA의 명령하에서 분열이 일어난다. 오랜 세월을 거치면서 세포도 마냥 그 자리에 멈춰 있지 않고 탈바꿈을 해 왔는데 그 예로 세균을 들여서 노예로 삼았다. 다시 말하지만, 지금의 세포도 앞으로 부단히 변하고 바뀔 것이다.

우리 몸에 서식하는 세균

우리는 세균과 생물의 관계를 논하고 있다. 이제 사람 이야기로 돌아와서, 우리의 피부와 내장에 서식하는 수많은 세균이 우리 몸과 어떤 관계를 유지하는지 볼 차례이다. 세균이란 놈은 사람이 죽으면 제일 먼저 달려들어 자기들의 삶터인 피와 살을 녹여 먹는다. 우리가 살아 있는 동안에는 거기에 삶의 터전을 잡고 살면서 말이다.

피부에 사는 세균은 다른 병원균이나 곰팡이, 바이러스의 침입을 막아 주고 내장에 사는 놈들도 해로운 세균의 번식을 막고 영양분을 공급해 준다. 결론적으로 그 세균들은 우리의 피부와 건강을 보전해 주는 유익한 공생세균이다. 다른 모든 동식물들도 껍질(피부)에 고유한 공생세균들을 가지고 있다. 그래서 그 세균들이 피부에 터를 잡고 살면서 그들을 보호한다.

식물도 매한가지다. 오이나 호박을 오래 보관하려면 있는 그대로 싸서 둔다. 물로 씻거나 하면 겉에 붙어 겉껍질을 보호하던 세균이 씻겨 나가 다른 세균의 공격을 받게 되어 그만큼 빨리 상하고 만다. 세균들끼리도 서로 텃세를 부리고 자리다툼을 하기에 방어물질인 항생제를 분비해 서로 죽이기까지 하지 않는가. 약육강식이라는 정글의 법칙은 이렇게 고등, 하등 생물을 가리지 않고 적용된다. 이 세상에 피 터지는 싸움으로 지새지 않는 생물이란 없다. 세균끼리도 저러한데……

여기서 얻은 결론 하나는 목욕은 자주하지 않는 것이 피부에 좋고, 하더라도 비누를 삼가는 것이 좋다는 것이다. 피부를 보호하는 세균을 모두 씻어 버리면 그것들이 새로 번식하기 전에 다른 병원균이 자리를 잡아 피부를 상하게 한다. 이러한데 꺼칠한 수건으로 때를 빡빡 밀어 버리면 어찌 되겠는가(각질층이 날아감). 수분이 날아가면 피부가 쉽게 건조해지고, 병원균이 잽싸게 침투한다. 간단히 말해 공생세균들은 때나 피지샘(지방샘)에서 분비한 기름 성분과 땀에 들어 있는 요소나 지방산을 분해하여 먹고살면서 우리 피부를 깨끗이 청소하는 청소부 역할을 하는 것이다.

이제 내장(큰창자)으로 들어가서 그곳에 살고 있는 '대장균'의 세계를 살펴보자. 대장에 사는 세균은 500여 종이 되는데 이것들은 소장에서 소화, 흡수되어 생긴 찌꺼기(주로 섬유소가 많다)를 분해하여 먹으며 살아간다. '세균의 평화' 즉 세균 간에 균형이 이뤄졌을 때 대장이 건강하다. 만일 세균 생태계의 평형이 깨지면 병이 생긴다. 그리고 대장균은 비타민 K나 B를 우리에게 공급해 주는 중요한 공생세균으로, 대장의 활성(운동)을 촉진시켜서 대변을 제대로 내려 보내게 한다. 다시 말하지만 대장균은 설사나 일으키는 해롭기만 한 세균이 아니다.

장기간 입원해 항생제를 많이 쓴 환자는 이 대장균이 다 죽어(세균 생태계가 파괴되어서) 비타민 K가 부족하게 된다. 그러면 혈액 응고과정에 필요한 트롬보겐(thrombogen)이 합성되지 못해 피가 응고되지 않는 등의 부작용이 생긴다. 이것은 극히 일부분에 지나지 않는다. 여러 생체기능에 관여하는 이 공생 세균들이 우리의 생명을 담보하고 있다 해도 과언이 아니다.

요구르트라는 것도 다름 아닌 세균 덩어리이다. 한마디로 대장의 균형을 유지시키는 '평화군'인 셈이다. 연쇄상구균[*Streptococcus*]이나 유산균[*Lactobacillus*]들이 우유의 젖당(lactose)을 젖산(lactic acid)으로 분해한 것이 요구르트에 들어 있다. 바로 이들 유산균이 젖산발효를 하면서 번식한 것인데 이것들이 장에 들어가서 나쁜 세균의 과잉번식을 막는다.

질 좋은 유산균이 들어 있는 김치 국물을 많이 먹는 것이 대장 건강에 좋다. 김칫국은 절대로 세균 구정물이 아니다. 김치 먹기 싫어하는 아이들에게도 유산균을 듬뿍 먹여라. 설사 때도 김치 국물(세균)이 좋은 약이 된다. 이외에도 간장, 된장, 고추장, 버터, 치즈 등 모든 발효식품은 세균이나 효모가 만든 것이다. 그러나 아직도 우리는 세균의 세계를 다 알지 못한다. 그들의 이용가치가 무궁무진하니 노다지라 할 수 있겠다.

김치 이야기가 나왔으니 말인데 김치를 담글 때 왜 밀가루 풀을 쑤어서 같이 넣는 것일까. 실험실에서 세균을 배양할 때 한천이 들어가는 배지를 쓰는 것과 같은 원리이다. 풀은 곧 세균의 먹이가 되니 그들의 번식을 위해 넣는 것이다. 대장암을 예방하려면 채소나 과일을 많이 먹으라고 하는데 이것도 결국은 대장균의 번식에 필요한 먹잇감을 공급해 주기 위함이다. 누가 뭐라 해도 고마운 대장균이다. 하마터면 이렇게 어진 대장균을 타박하고, 더러운 살인 세균쯤으로 취급할 뻔했다.

지금까지 공생의 예로 콩과식물과 뿌리혹박테리아, 심해의 무척추동물과 화학합성세균, 사람의 피부와 내장의 세균의 관계를 살펴봤다. 다른 생물들의 공생관계도 이와 엇비슷하다고 보면 된다. 생물은 모두가 서로 어울려 더불어 사는 '다살이'를 하고 있다. 게다가 만일에 썩게 하는 부패세균이 없었다면 아침저녁으로 쏟아 내는 저 많은 똥오줌은 어떻게 되겠는가. 그리고 미라 조상이 산을 이루고도 남았을 것이다.

세균이 없는 세상은 무간지옥과 다를 바 없으니 이제 세균, 즉 박테리아를 바라보는 시각을 바꿔야 한다. 세균은 우리의 적이 아니라 귀중한 동무라는 것을 느껴 보자. 하여, 사물을 볼 때 한눈 곁눈 팔지 말자. 균형감각을 잃지 말아야 한다. 무엇보다 상생(相生)을 마음 깊이 깨닫는 것이 핵심이다. 세상에 달랑 혼자서 되는 일은 없는 법.

세균과 사람

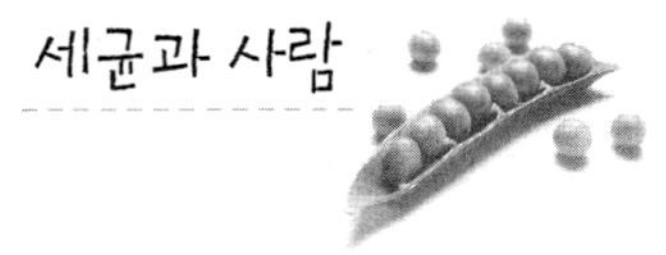

세균 하면 ‘병원균’이라는 좋지 않은 선입관을 가지고 있지만 사실 사람에게 없어서는 안 될 유익한 것이 훨씬 더 많다. 우리는 좋은 점을 보는 데 왜 그리 인색한지……. 세균 입장에서 보면 서럽고 분통 터질 일이다.

세균은 살지 못하는 곳이 없다. 남·북극의 얼음, 히말라야 산꼭대기, 심해의 바닥, 흙과 강, 동식물의 겉과 속, 심지어 공기 중에도 산다. 영하의 얼음 속은 물론이고 부글부글 뒤끓는 온천 속에서도 산다. 그런데 이것들은 물이 없거나 모질게 춥거나 하여 환경이 좋지 않으면 포자(胞子)를 만들어 버린다.

딱딱한 껍질(피막)을 둘러쓴 이 포자들은 100도에서 7분 간, 흙 속에서는 수백 년을 끄덕 없이 견디는 대단한 생명력을 지녔다. 펄펄 끓여도 죽지 않는다!? 사람의 피부나 위, 입안, 창자

등에도 많은 종이 살고 있으니 그것들이 살지 않는 곳이 없다. 한마디로 이 광활한 지구는 '세균 세상'이라 해도 과언이 아니다. 좋은 뜻으로 세균 투성이이다.

세균은 평균 길이가 1마이크로미터이고 지름이 0.5마이크로미터로 아주 작다. 광학현미경으로도 1,000배가 넘어야 겨우 보이고 내부구조는 전자현미경으로 봐야 겨우 보인다. "못난 고기 가시 많고 작은 고추가 맵다."라고 했듯이 모든 생물은 작을수록 생존율이 높다. 따라서 세균이 작다는 것은 나름대로 유리하게 적응한다.

세균은 원핵세포이다. 원핵세포는 진핵세포와 대립되는 말로, 핵막이 없으면 원핵세포, 있으면 진핵세포이다. 세균은 한 개의 세포로 된 단세포생물이고 염색체도 단 한 개이다. 이러한 세균 중에서 대장균에 관한 연구가 가장 많은데, 대장균에 들어 있는 염색체의 길이는 1.2밀리미터이고 염기쌍은 470만 개나 된다. 그런데 이 커다란 염색체 고리말고도 작은 고리 모양의 DNA가 하나 더 있다. 이것을 플라스미드(plasmid)라 하는데 대장균이나 효모의 것은 유전자조작에 긴요하여 폭넓게 사용되고 있다.

세균이나 곰팡이, 효모 등 여러 단세포생물을 묶어서 미생물이라고 한다. 앞서 말했듯이 초식동물은 소나 염소, 낙타, 기린, 순록, 사슴과 같이 되새김위를 가진 반추동물과 토끼, 말, 돼지

같은 커다란 맹장을 가진 것으로 나뉘는데 후자가 더 많다. 이 모든 초식동물이 미생물이 없이 산다는 것은 상상도 할 수 없다. 먹이 저장에 이용되는 반추위나 맹장은 미생물들이, 동물들이 먹은 섬유소를 분해하는 곳으로도 이용한다. 즉, 반추위나 맹장은 발효통 역할을 하여, 풀의 탄수화물(섬유소)을 분해하는 것은 물론이고 이것을 지방산이나 아미노산으로 바꾸기까지 한다. 그리하여 지방산은 지방을, 아미노산은 단백질을 합성한다. 그렇군! 풀만 먹은 소나 염소가 그래서 살(지방, 단백질)이 포동포동 찌는 것이로구나! 산사(山寺)의 스님들이 채식만으로도 건강을 유지하고. 그런데 이것은 소화효소 속에 공생하는 미생물의 작품이다. 미생물들을 '작은 것'들이라고 깔볼 수가 없다. 오히려 '위대한 생물'이라고 부르는 것이 백 번 옳을 것이다.

부언하면 사람과 돼지의 소화효소는 하나도 다르지 않다. 사람들이 돼지의 이자에서 인슐린과 소화액을 뽑아 쓰기까지 한다. 근래 유전공학에서는 사람의 창자 유전자 일부를 돼지의 난자에 이식하여 돼지 속에 사람 창자를 만든 후 이것을 다시 사람에 이식하겠다는 꿈에 부풀어 있지 않은가. '사람의 탈을 쓴 돼지'의 탄생이 눈앞에 다가왔다!?

덧붙여서 이 세균들과 더불어 생각해야 할 미생물이 바로 이 곰팡이와 효모이다. 이들 역시 사람에게 해로운 점보다는 유익한 점이 더 많다. 무엇보다 동식물을 썩히고 물을 정화시키는 등 생태계에서 분해를 담당하는 분해자만으로도 그 존재 가치가 하늘만큼이나 높다. 사람과 동물의 배설물, 그리고 썩지 않은 시체가 널브러져 있는 산과 들판을 상상해 보라. 저 많은 사람들이 쏟아 대는 똥오줌이 강물로 흘러 들어가는데 만일 미생물에 의해서 정화(淨化)가 일어나지 않았다면 어떻게 되었을까. 환경이 엉망진창이 되었을 것이다. 모든 일에 감사하라고 했겠다. Thank you!

세균의 번식법

그리고 세균은 건(메마른) 흙 1그램에는 수백만 마리가 들어 있고(비옥한 토양일수록 많음) 같은 양의 대변에는 수십억 마리나 들어 있다 하니 변 덩어리가 아니라 세균 덩어리란 말이 맞다. 그런데 세균은 어떻게 저렇게 재빠르게 개체 수를 늘려 가는 것일까. 그것은 번식 방법이 다양하기 때문이다.

번식 방법에는 이분법(二分法), 출아법(出芽法), 포자형성법(胞子形成法) 등이 있는데 여기서 말한 세 가지는 암수가 관여하지 않는 무성생식법이다. 이분법이란 온도, 습도, 양분, 산성도(pH) 등의 조건이 충족되면 다 자란 어미세포의 몸(세포)이 반으로 잘라져 버리는 것을 말한다. 20분 정도 지나면 잘라진 딸세포는 다시 분열한다(어허! 한 세대가 20분에 지나지 않는다! 우리 인간은 20년이나 되는데).

이렇게 한 마리의 세균이 기하급수로 늘어나 12시간 안에 700억 마리까지 불어난다. 휴, 무서운 번식력이 아닌가. 그 700억 마리가 20분 후에는 과연 또 몇 마리가 되는가? 60억이라는 인구가 대변 1그램 속의 대장균 수에도 미치지 못한다. 인간이란 존재가 얼마나 무능한 소인(小人)인가? 그런데도 제가 잘난 줄 알고 사는 군상들이다.

그런데 효모들은 이분법보다는 주로 출아법으로 수를 늘려 간다. 세포에서 작은 혹 덩어리가 생겨나는데 이것도 어느 정도 크면 떨어져 나가 버린다. 이것이 출아법이다. 또 곰팡이 무리는 홀씨주머니(포자낭) 속에서 수많은 포자를 만든 후 그것을 공중에 날려 버린다. 그러면 이놈들은 환경조건이 맞는 곳을 찾아 팡이실(균사)을 내고 자라서 다시 헤아리기 어려울 만큼 포자를 만들어 낸다. 이것이 포자형성법인데 세균은 말할 것도 없고 효모와 곰팡이 포자가 묻어 있지 않는 곳이 없다. 그것들이 하도 작아 보이지 않기에 망정이지 만약 다 보인다면 어떻게 될까? 공중에 떠 있는 포자가 콩알만 해 보인다?! 냉면 사리가 동아줄만 하게 보이고.

세균은 형태를 기준으로 크게 셋으로 나눈다. 세균 이름(학명)에 'coccus'라는 것이 들어 있으면 모양이 동그란 구균(球形)이고 'bacillu'가 들어 있으면 막대 모양인 간균(桿菌), 'vibrio'가

들어 있으면 나선 모양인 나선균(螺旋菌)이다. 그런데 이들 중
에서도 간균은 편모(鞭毛)라는 것을 가지고 있어 먹이가 있고
온도가 적당한 쪽으로 이동하는 양성주화성을 보이면서 항생
제나 백혈구가 있는 곳에서 도망치려는 음성주화성도 보인다.

세균은 편모를 가지고 있기 때문에 이동한다는 말인데, 편모
가 시계 반대방향으로 움직이면 직진(直進)하고, 시계방향으로
움직이면 후진(後進)한다. 편모는 회전도 하는데 대장균이 1초
에 대략 250회 회전하는 것에 비해서 비브리오균은 1,667회를
회전한다. 사람이 아주 잘 만든 원심분리기가 333회 회전하는
것에 비하면 엄청난 빠르기이다. 쏜살같다고 해야 할까? 아무
튼 그렇게 빨리 회전하면서 방향까지 알고 이동한다니 놀랍지
않은가.

편모말고도 짧은 돌기를 가지고 있어서 바닥에 달라붙는 놈
도 있다. 식후에 이의 에나멜에 달라붙는 것도 이것들이다. 그
런데 세균도 유성생식을 하는 수가 있는데 바로 두 마리가 서
로 달라붙어서 핵물질(DNA)을 서로 교환한다는 접합(接合,
conjugation)을 말한다. 바이러스끼리도 핵산을 교환한다니 입
이 벌어지고 만다.

암수가 가지고 있는 유전물질(DNA)을 교환하는 것을 유성생
식 또는 양성생식이라 한다. 이 생식법은 염색질이 서로 섞이
기 때문에 무성생식보다 빠른(많은) 진화를 할 수 있는 것이 특

징이자 이점이다. 사람의 입장에서 보면 미생물의 유성생식은 달갑지 않다. 항생제를 써도 듣지 않는 내성균(돌연변이균 또는 변종이라 함)이 생겼을 때 이것이 내성이 없는 균과 접합을 하여 핵산을 교환하므로 옆의 균도 내성을 지니게 되기에 그렇다. 하여, 항생제를 쓸 때는 철저하게, 끝까지 써서 새로 생겨난 내성균도 깡그리 죽어 없어지도록 해야 한다. 뿌리를 뽑아버린다는 말이다.

하지만 항생제를 함부로 쓰면 그 약으로는 듣지 않는 변종이 생긴다는 것도 문제이지만 간이나 콩팥을 망가뜨리고 가운뎃귀(중이)의 이석(耳石)에 해를 끼치는 등 부작용이 너무 많다. 남용은 삼가야 한다. 물론 수술 후라든지, 써야 할 때는 아낌없이 써야 하겠지만 말이다.

그리고 이제 의사의 처방 없이는 항생제를 사 먹을 수 없게 된 것만도 천만다행이다. 몇 년 전만 해도 항생제를 과자 사 먹듯 했으니까. 그런데도 아직까지 우리나라가 항생제 남용국가로 으뜸이라 하니 입이 열 개라도 할 말이 없다. 감기를 예방한답시고 항생제를 사 먹는 사람도 있다고 하니 어이가 없을 뿐이다.

발효식품 만드는 미생물
지금부터는 발효식품을 만드는 데 세균들이 어떻게 작용하는지 보도록 하자. 김치에 들어가는 여러 가지의 재료는 생략하고, 고추장이나 김치를 담글 때 찹쌀가루나 밀가루 풀을 쑤어서 넣는 이유를 살펴본다. 예를 들어 김치가 발효되려면 대표적으로 여러 가지 효모나 유산균이 있어야 한다. 그런데 풀은 이들 미생물들이 자랄 수 있는(수를 늘리게 하는) 일종의 배지 역할을 하며 무나 배추 속의 효소에 의해 자체 분해되기도 한다. 뿐만 아니라 효모는 여러 종류의 효소를 가지고 있어서 그 김치통에 있는 여러 가지 탄수화물을 분해하고, 유산균(젖산균)은 당을 분해하여 김치 맛을 알싸하고 시큼하게 한다. 김치 국물(젖산)은 바로 유산균 덩어리로 온도에 따라 숙성(발효) 정도가 달라진다.

그런데 김치에 넣은 생선이나 굴이 썩지 않고 발효를 하는 이유는 무엇일까. 미생물도 제가 좋아하는 산성도가 정해져 있다. 그래서 강한 산성(pH 3.5~4.5)에 잘 자라는 효모나 젖산균이 번식하면 중성(pH 7) 근방에서 번식력이 강한 세균들은 맥을 못 춘다. 아, 그래서 김치 담글 때 버무려 넣은 생태나 갈치 토막이 부패되지 않는 것이로구나!

뭐니뭐니해도 발효의 대명사는 술 만들기이다. 쌀을 찐 고두밥을 이당류, 단당류로 분해하여 알코올까지 진행시키는 것은 모두 누룩곰팡이와 효모이고 이 알코올을 식초(초산)로 바꾸는 것은 산소가 있어야 활동하는(유기호흡) 초산균(醋酸菌)이다. 미생물들이 복잡한 물질을 가수분해(소화)해 아주 간단한 분자로 잘라 놓은 것이(소화를 시켜 놓은 것) 발효식품이다. 그래서 이 것은 먹으면 흡수가 빠르고 곧바로 에너지를 낸다. 결국 에너지(ATP)를 내는 속도가 밥보다 술이 빠르고 술보다는 식초가 훨씬 빠르다는 것이다.

과일에 들어 있는 유기산(有機酸)도 식초 못지않게 빨리 흡수되고 에너지를 발산하기 때문에 피로회복에 좋다. 나이를 먹으면 짜게 먹지 말고 식초를 많이 먹으라는 것도 일리가 있다. 효모나 곰팡이, 세균들의 둔갑 솜씨에 탄복하지 않을 수 없다. 누룩곰팡이와 효모의 술 만들기 기술에 초산균의 식초 제조기술까지 미생물의 기기묘묘함에 두 손을 번쩍 들고 만다.

간장을 만들 때는 콩을 삶아서 찧어 만든 메주를 사용한다. 고초균(枯草菌)이 가수분해효소를 분비하여 콩에 들어 있는 단백질을 아미노산으로 분해했기 때문에 된장이나 간장에는 아미노산이 들어 있다. 그래서 간장이 콩보다 더 빨리 소화되고 흡수된다. 또한 고초균은 짚에 많이 서식하기 때문에 짚으로 메주를 묶어 둔다. 옛 어른들이 경험으로 과학을 생활화했던 점도 간과해서는 안 될 대목이다. 아무튼 발효식품이 건강에 좋다고 하는 이유는 양분이 흡수되기 쉬운 단계까지 분해되어 있기 때문이다. 곧 세포에 흡수되면 그 안의 미토콘드리아에서 일어나는 세포내산화(細胞內酸化)를 통해서 에너지를 속히

낼 수가 있는 것이다. 한마디로 발효식품치고 건강에 좋지 않은 것이 없다.

어릴 때이다. 땀 뻘뻘 흘리며 학교를 갔다 오면, 어머니께서는 찬물에 간장을 풀어 한 사발 주셨다. 간장의 짠 성분은 흘린 땀 보충에 좋았고(스포츠음료라는 것이 죄다 소금물임), 그 속의 아미노산은 영양 보충에 좋았다. 색깔은 마치 콜라 같았는데 과연 콜라와 이것 중 어느 것이 몸에 더 좋을까? 우리 어머니가 과학자이시다!

요구르트도 세균들의 요술로 만들어진 것이다. 대표적으로는 유산균[*Lactobacillus*]과 연쇄상구균[*Streptococcus*] 무리가 우유의 젖당(유당)을 분해하여 요구르트를 만든다. 일반적으로 유산균은 크기가 0.5~0.8마이크로미터 정도이고 간균이다. 제일 먼저 지방이 적은 우유(저지방우유)를 90도에서 3분간 가열한 후 45.6~46.7도로 식힌 다음 앞의 세균들을 넣고 잘 섞어 그대로 둔다. 그러면 우유가 응고되는데 이것이 요구르트이다. 여기에 과즙이나 잘게 썬 과일 토막을 넣기도 한다.

그런데 우리의 어떤 요구르트 회사 선전을 보면 '한국인의 유산 종균(種菌)'이 들어 있다며 자랑한다. 한국 사람의 대변에서 그 유산균을 순수 분리를 했다는 말이다. 또 다른 요구르트에는 '한국인의 비피더스'를 넣었다고 써 놓고 있다. 그것 또한 대장균의 일종으로 몸에 좋은 유산균이다. 그러므로 그 요구르트를 마시면 대장에 그 종균이 강성해지고 불량 세균의 기력을 쇠하게 하여 대장이 건강해진다는 이론이다. 말 그대로 요구르트는 킬러(killer, 살인자)요, 힐러(healer, 치료자)인 셈이다. 나쁜 놈은 죽이고 좋은 것은 성하게 한다. 어느 요구르트의 병껍질에 쓰여 있는 종균(유산균)을 받아 적어 본다. 락토바킬루스 에커도필루스[*Lactobacillus acidophilus*], 스트렙토콕쿠스 테르모필루스[*L.casei, Streptococcus thermophilus*], 비피도박테리움 [*Bifidobacterium*] 등이다. 유익한 유산균들이다.

버터나 치즈 만드는 것도 이와 마찬가지이다. 버터나 치즈는 우유에 넣은 세균들이 젖당을 분해하고 카세인(casein) 단백질을 응고시킨 후 침전시켜 얻는다. 세균의 종류에 따라서 맛과 향이 천차만별인데 서양 사람들은 여러 가지를 만들어 먹는다. 발효식품들은 우유 속의 당인 젖당이 분해되어 젖산으로 바뀐 것이므로 젖당을 잘 분해시키지 못하는 사람들도 먹을수 있다. 거기에다 수많은 유산균은 대장에서 '세균의 평형'을 이루게 한다. 요구르트도 그렇다. 우유 대신 마시면 유산균까지 먹는 셈이다. 이거야말로 일거양득, 일석이조, 꿩 먹고 알먹고이다. 절대로 요구르트는 요기할 거리, 군것질 거리가 아니다. 한마디로 유산균은 대장의 '경찰', 또는 '헌병'의 몫을 담당한다. 우리의 김치 국물에도 몸에 좋은 천연 유산균이 많이들어 있으니 김치도 요구르트에 지지 않는 정장제(整腸劑)임을 알아야 한다. 김치를 내 것이라고 만만하게, 얕보지 말라.

요구르트 등에 사용하는 젖산균은 우유뿐만이 아니라 동물의 사료나 목초, 야채, 거름, 개울물, 대변 등 자연에도 살고 있다. 연구실에서는 이 중 좋은 종만 골라내어 순수배양한 후 대량으로 키워 쓴다. 또한 공생세균이라는 것이 있는데 이것들은 우리의 피부를 보호한다. 이들 미생물의 역할, 중요성을 어찌 여기에 다 열거할 수가 있겠는가.

이제는 독자들도 세균이 마냥 고깝고 더러운 존재가 아님을 알게 됐을 것이다. 폄하의 대상이 아니다. 그지없이 고마운 세균이다. 세균 없이 우리는 살지 못한다. 부모의 고마움을 모르듯이 미생물의 은혜도 모르고 사는 얼간이 우리들.

세균의 짝짓기

세균은 박테리아를 의미한다. 박테리아는 여러 마리를 의미하는 복수 형태이고 한 마리를 일컬을 때는 박테리움(bacterium)이라고 한다. 원래 세균은 작은 병균이란 뜻인데 현대과학의 뿌리가 서양에 있기에 세균은 결국 박테리아를 번역한 말이라는 것. 태권도에 '차려, 경례'라는 우리말이 왜 쓰이는지 생각해 보면 이해가 간다. 부질없는 소리로 듣지 말라.

과학도일수록 외국어에 능통하고 강해야 한다. 외국어로 쓰인 것을 우리글 읽듯이 술술 읽어야 하니까. '외국어는 무기'란 말이 거짓이 아니다. 그리고 외국인들도 누구나 외국어 하나는 필수적으로 한다. 여담이지만, 내가 영어나 독일어로 말하면 교실에 들어온 새내기들이 모두 놀라 자빠진다. "아니, 생물 선생이 독일어를!?" 얼마나 잘못 알고 있는 일인가. 다시 말하

지만 과학을 하려면 그것이 태어난 곳의 글을 읽을 수 있어야
한다.

세균에는 여러 종류가 있고 크기도 다양하지만 개략적인 특
징을 보면 세균은 하나의 세포로 된 단세포이며, 크기가 작고
핵막이 없어서 핵물질(DNA)이 세포질에 퍼져 있다. 그리고 많
은 세균들은 편모를 갖는다. 편모는 말총 모양의 털이라는 뜻
인데 세균은 이것을 가지고 헤엄쳐서 이동한다. 세균이 움직
인다? 물론 움직인다. 앞에서도 상세히 설명했듯이 말이다.

세균들은 대부분 이분법으로 번식하지만 경우에 따라서는
다른 개체의 유전물질인 DNA를 받는 유성생식을 하기도 한
다. 바이러스의 DNA가 들어오는 형질도입과 죽은 또래 세균
의 DNA를 받는 형질전환 그리고 앞에서 말한 접합이 그것이
다. 정상적인 동물의 짝짓기나 식물의 수분(受粉)단계로 높은
수준은 아니지만 서로의 DNA를 교환하고 있다는 것은 세균
세계의 특이한 점이라 하겠다. 그리고 어떤 면에서 보면 이렇
게 해서 새로 만들어진 세균은 유전적으로 형질이 전환된(변이
된) 것이다.

먼저 형질도입부터 보자. 세상에는 1마이크로미터밖에 안
되는 이 작은 세균을 잡아먹는 놈이 있다. 바로 바이러스라는
놈이다. 바이러스 중에서도 유독 세균에서만 번식을 하는 것
이 박테리오파지이다. 범을 잡아먹는 담비가 있다고 하더니만

세균을 뜯어먹는 바이러스가 있었다! 바이러스는 다 잘 알다시
피 단백질과 핵산으로만 구성되어 있다(그래서 우리는 바이러스
를 세포라 하지 않고 그저 '입자'라 한다 했음).

바이러스는 세균에서 번식하면서(당연히 세균이 바이러스보다
덩치가 더 큼) 그것의 DNA를 가지고 나와 다른 세균에 들어갈
때 앞 세균의 DNA를 전달한다. 이것을 형질도입이라 한다. 한
마디로 박테리오파지에 의해 한 세균에서 다른 세균으로 DNA
가 전달되는 것이다. 결국 세균 '유전자'를 전달하게 되고 그것
을 받은 세균은 성질이 달라지고 만다.

두 번째로, 형질전환을 보자. 무슨 이유인지는 몰라도 주로
'새벽이 지나면' 세균은 죽어 버린다고 한다. 죽은 세균의 세포
막이 녹으면 다음에 DNA가 흘러나오는데 그때 옆의 살아 있
는 세균들이 이 '시체'를 사용해 새로운 DNA를 합성한다. 이리
하여 옆 세균의 DNA가 다른 것으로 전환된다. 예로, 사람의
경우 항생제를 많이 쓰게 되면 돌연변이를 일으켜 그 항생제
에 대한 내성을 갖는 세균이 생겨난다. 그래서 성한 세균이 주
변의 내성 유전자를 받아들이게 되고 결과적으로 내성균은 자
꾸만 늘어 간다. 항생제를 쓸 때 끝까지 투약하여 내성균까지
씨를 말려 버려야 하는 이유가 여기에 있다.

세 번째로, 세균도 유성생식의 하나인 접합을 한다. 두 마리
가 서로 만나서(이놈들은 서로 궁합이 맞는 것끼리 짝을 짓는지 모

름) 한 놈이 작은 실(돌기)을 내어 상대를 잡아당기면서 세포막에 구멍을 낸다. 그리고 그 실을 구멍에 집어넣은 후 DNA를 토해 내어 삽입한다.

어떤 세균이든 생식에 필요한 커다란 한 개의 염색체를 가지고 있다. 그리고 항생제나 독, 중금속 등의 악조건에서도 살아남기 위한, 저항성을 갖게 하는 고리 모양을 하는 DNA로 된 플라스미드라는 것을 가지고 있다. 접합과정에서 염색체와 플라스미드 모두를 상대 세균에 넣어 준다. 무슨 이런 요망한 짓을 한단 말인가. 무엇보다 내성균은 여러 가지 방법으로 생성되는데 특히 플라스미드를 구성하는 DNA의 바꿈이 직접적인 원인이 된다.

1940년대에 페니실린이 탄생하면서 항생제는 '기적의 약'으로 칭송받아 왔고 오늘도 많은 아픈 사람들의 생명을 구하고 있다. 그러나 '세월이 약'이 아니라 '독'이 되는 놈들이 있다. 내성이 강해진 결핵균 같은 놈들이다. 이제는 어느 항생제로도 말을 듣지 않아 세계적으로 결핵이 늘어나는 추세에 있다고 한다. 포도상구균[*Staphylococcus aures*] 같은 슈퍼세균은 오직 최고로 강력한 항생제인 반코마이신만 그 효과를 낸다고 한다. 그래서 사람은 새로운 항생제를 만든다. 하지만 세균은 또 변한다. 이렇게 그들과의 싸움은 끝이 없다.

그러면 우리가 흔히 쓰는 항생제는 어떻게 세균을 죽일까.

항생제는 세균의 세포소기관인 리보솜에 달라붙어서 단백질 합성을 못하게 하거나(테트라사이클린), 세포막 형성을 억제해(페니실린이나 반코마이신) 종국에는 세균의 번식이나 성장을 억제한다. 그런데 세균 또한 만만치 않아서 항생제에 마냥 당하고만 있지 않다. 돌연변이를 일으켜 내성균이 되어 버린다. 내성균은 새로운 효소를 만들어서 항생제를 분해해 무력화시키고(파괴를 막는다) 약을 변질시켜 버리거나 불활성화시킨다. 그리고 항생제가 세균에 붙을 자리(분자)를 바꿔 버리기도 하고, 세포 내에 밀어내 버리기도 해 항생제에도 끄덕 않고 살아남는다. 세균의 생존 작전 또한 우리의 상상을 초월한다! 재주가 용한 놈들이다.

여기에서는 세균을 '죽일 놈'으로 깎아내리고 말았는데 어디 생물이 해만 주는가. 이 세상에 의미 없는 존재란 없음을 알고 나면 미생물의 세계도 우리에게 가까이 다가온다. 발효식품의 은혜는 물론 우리와 모둠살이 하는 공생세균의 베풂도 모르고 이들을 하찮게 여겨 '불결한 것'으로 치부하고 만다. 하여 그들에게 미안한 마음 그지없다.

유전물질의 창고, 염색체

세포의 핵(核, nucleus) 속에는 염색체가 들어 있고, 거기에는 DNA라는 유전자가 숨어들어 있음을 우리는 알고 있다. 지겹도록 들어온 이야기이다.

사람의 체세포 하나에 46개의 염색체가 있고 그것의 신통력으로 아들딸이 태어난다. 그리고 친탁, 외탁 내림을 한다. 46개의 반은 엄마(난자), 나머지 반은 아버지(정자)에게서 받았으니 아무래도 두 본새를 닮지 않을 수가 없다. 때문에 '씨 도둑질', 본색(本色)은 못 바꾼다고 하지 않는가. 아울러 자식은 부모의 2분의 1을 닮고, 손자는 조부모의 4분의 1을 닮는다. 형제자매 사이에는 서로 4분의 1(2분의 1×2분의 1)을, 사촌간에는 16분의 1(4분의 1×4분의 1)을, 외삼촌과 생질간에는 8분의 1을 빼닮아서 촌수가 멀어질수록 유전자의 농도가 묽어지고 엷어진다.

그래서 '한 대가 삼천리'라 하는 것이리라. "한 지붕 밑에 10촌 난다."라고 하는데, 그만큼 세월이 빠르다는 의미가 된다. 근연도(近緣度, degree of relatedness)를 혈연도(血緣度)라고도 한다.

여기서 '염색체'라는 말은 '염색이 잘되는 것'이란 뜻이 아닌가. 그런데 'chromosome'이라는 영어 단어도 뜯어보면 'chrome'은 '색소, 색깔'이란 의미이고 'some'은 '몸, 어떤 물체나 물질'이란 뜻이라, 묶어 보면 역시 '염색이 잘되는 것'이란 말이 된다. 세포를 메틸렌블루나 초산카민(아세트산카민) 같은 염색액으로 염색해 보면 핵이 푸르고 붉게 물이 드는데 그것은 핵 속의 염색체가 색소를 잘 빨아들여 나타나는 현상이다. 즉, 핵의 염색체 속에 들어 있는 산성물질이 염색이 잘 되는 이유는 핵산, 바로 DNA 때문이라는 것이다. 아리송한 이야기가 어디 이것뿐이겠는가. 계속 가 보자, 무지의 아픔을 참고.

그런데 생물치고 염색체를 갖지 않는 것은 없다. 원핵생물인 세균 무리도 한 개의 둥근 고리 모양 염색체를 갖고, 진핵생물들은 핵 속에 선상(線狀)의 여러 개 염색체를 가진다. 원생생물(단세포생물)인 짚신벌레처럼 큰 핵(대핵)과 작은 핵(소핵)을 여러 개 갖는 다핵생물도 있다.

아직도 못다 푼 염색체의 비밀

여기서는 주로 사람의 것을 중심으로 엮어 나가겠다. 앞에서도 언급했듯이 사람은 남녀 모두 배수체(2n)인 46개의 체세포를 가지고 있다. 이것을 좀 더 분석해 보면 44개의 상염색체와 각각 2개의 성염색체를 갖는다. 남자는 성염색체가 XY, 여자는 XX이다. 남녀가 동등하다고 하나 이렇게 염색체까지 다른 것을 보면 '동등'하다기보다는 '평등'하다는 말이 옳지 않을까 싶다. "구별은 있으나 차별은 없다."라는 말이 더 좋아 보인다. 분명한 것은 남녀가 같을 수가 없어 DNA도 0.1퍼센트의 차이를 보인다는 것이다.

생식세포(난자, 정자)는 반수체(n)로, 난자는 22 + X 한 종류뿐이나 정자는 22 + X와 22 + Y 두 종류가 있다. 그래서 난자가 전자와 결합하면 딸(44 + XX)이 되고 후자의 것과 만나면 아들(44 + XY)이 된다는 것은 누구나 잘 알고 있다. 다른 말로 자식은 누구나 양친의 염색체를 반반씩 가졌다는 말이다. 특히 Y 염색체는 길이가 3마이크로미터 정도로 X 염색체의 3분의 1 정도밖에 안 되어 염색체 중에서 아주 작은 축에 든다. Y 염색체는 사람이 지닌 3~4만 가지 유전자 중에서 항원 형성, 혈액 조절, 리보솜 합성 등 열댓 가지 유전자 기능밖에 못하는 무능한 것으로 보일지도 모른다. 그렇지만 정소 형성을 결정하는 고유한 유전자를 가지고 있다. 그래서 이것이 '아들'을 결정한다. 이들 성염색체에 관해서는 여러 설이 있는데 진화를 하는 동안에 상염색체에서 생긴 것이라 보는 것이 보편적이다.

　다음에는 여러 동식물의 염색체 수를 보자. 사람과 무척이나 가깝다는 영장류의 염색체는 몇 개나 되는지 다들 궁금해 할 것이다. 사람과 가장 흡사하다는 침팬지가 48개이다. 고릴라와 오랑우탄도 48개인데 이들은 사람과 개수는 달라도 염색체를 여러 가지 방법으로 분석한 것을 보면 사람의 것과 너무 많이 닮았다. 생물이 서로 엇비슷하다고 할 때는 염색체 개수도 개수이지만 거기에 들어 있는 유전자의 유사도를 보고 말하는 것이다. 그리고 하등한 생물이라고 치부하는 단세포생물인 효모도 32개의 염색체를 가지고 있으며 초파리는 8개, 닭은 78개, 쥐는 40개의 염색체를 가지고 있다. 옥수수와 양파도 각각 20개와 16개의 염색체를 가지고 있다. 생물들은 고유한 염색체를 가지고 있고, 때문에 그 생물의 특성이 존재한다.

　여기서 보면 생물의 진화 정도와 염색체 개수는 아무런 상관관계가 없다. 그리고 그 염색체에 들어 있는 총 DNA량을 측정해 봐도 들쭉날쭉하다. 사람 세포 속의 DNA량이 대장균의 것보다 700배가 많은데 비해 양서류의 것은 되레 사람 것보다 100배나 더 많다. 그러나 같은 종은 언제나 염색체 개수와 모양, 크기 등이 똑같이 일치하는데 이를 핵형이라 한다. 그런데 핵형이 다르면 수정이 일어나지 않도록 되어 있다니 생물의 발생 하나도 신기할 뿐이다. 핵형이 같아야 동일한 종이란 뜻이다.

그리고 염색체를 그 크기나 동원체(분열 때 방추사가 붙는 자리)를 보고 순서대로 나열해 놓는 것을 핵형을 분석했다고 한다. 사람의 것은 일반적으로 크기에 따라 놓는데 1번이 10마이크로미터로 가장 크고(길고), 22번이 2마이크로미터 정도로 가장 작으며, X 염색체는 7번의 크기와 비슷하고, Y 염색체는 20번의 크기와 거의 같다.

예외 없는 법칙이 없다고 한다. 사람 몸의 모든 체세포가 똑같이 46개의 염색체를 가지고 있는 것은 아니라는 말이다. 보통 사람들에게는 상식을 깨는 충격적인 내용이다! 적혈구나 상피세포는 처음에 생길 때는 핵(염색체)이 있으나 성숙하면서 없어져 버리고, 근육세포(근섬유)는 다핵세포라서 염색체가 몇 곱절 들어 있다. 재생 중인 간세포는 4배체(4n=92개) 상태이고, 골수에서 생겨 나중에 혈소판이 되는 대핵세포(大核細胞, megakaryocyte)에는 보통 체세포의 4, 8, 16배나 되는 염색체가 들어 있기도 한다고 한다. 섣부르게 "이렇다."라고 말하기가 어려운 것이 염색체이다.

세포들의 죽살이

이제 다른 이야기이다. 내 몸 세포들의 죽살이, 생멸(生滅)의 역사를 이야기하고자 한다. 사람이 어머니 몸에서 태어날 때는 수정란이 24번(2^{24})의 분열을 하여 2조 개 정도 되는 세포를 가지고 있지만 어른이 되면 100조 개가 된다. 그리고 세포는 태어나고 죽기를 끊임없이 반복하기 때문에 하루에도 몸 전체 세포의 1~2퍼센트 정도인 1,000억 개 정도가 죽어 나간다고 한다. 당연히 그만큼의 세포가 새로 만들어진다.

그리고 한 사람이 평생 평균 10^{17}개의 세포를 만드는데 10^{14}개 (100조 개)는 몸을 구성하는 데 쓰이고 이것의 1,000배가 되는 나머지 세포는 모두 세포 재생에 쓰인다. 우리가 매일 음식을 먹는 이유는 열과 에너지를 얻기 위함도 있지만 이렇게 죽어 나가는 세포를 보충하기 위함이기도 하다는 것을 어렴풋이나마 알 듯하다.

그런데 세포 중에는 한번 만들어지면 세포분열을 하지 않는 고정불변의 것이 있는데 대표적인 것이 신경세포와 근육세포이다. 이것들은 대부분 태아 발생 초기에 분열이 끝나 나이를 먹을수록 그 수가 계속 줄어든다. 그렇지만 않았다면 치매증도, 피골이 상접하는 노화도 없었으련만. 독자들이 이 글을 읽는 순간에도 수백만 개의 세포가 죽고 있다. 그러나 걱정 말라! 그들은 당신의 생존을 위해 희생하는 것이니까.

세포는 어느 정도 살고 나면 과감히 '자살'을 한다. 그만큼 새 세포가 생성된다. 죽고 태어나는 것이 균형만 맞으면 건강하다. 너무 많이 죽어 버리거나 죽을 것이 죽지 않아 탈이 나는 것이다. 암이란 것은 세포들이 자살 능력을 잃어 죽지 않아 생기는 병이고 치매나 류머티즘은 너무 많이 죽어서 생기는 병이 아니던가. 균형, 평형이란 중요한 것이다. 우리도 살아가면서 중도(中道)를 걷는 것이 얼마나 힘이 드는가. 그것과 마찬가지이다.

그런데 어찌하여 세포는 무한대로 자라지 않고 일정한 크기가 되면 자기 몸을 잘라 버리는 분열이라는 것을 할까. 아메바가 그렇고 짚신벌레가 그렇다. 또 사람 세포도 마찬가지여서 어느 정도 부피가 늘어나면 반드시 이분하여 두 개의 딸세포(낭세포, daughter cell)로 나뉘고 그것이 자라나 다시 어미세포(모세포, mother cell)가 된다.

모든 세포는 주변에서 양분을 얻어 에너지로 사용한 후 찌꺼기를 배설하는 물질대사(신진대사)를 한다. 이런 물질의 이동은 거의 모두가 확산에 따르는 것이다. 그러므로 세포의 크기가 작을수록 안팎으로 물질이동이 빨리 일어난다. 한마디로 세포가 너무 커 버리면 물질이동이 제대로 일어나지 못하기에 어느 정도 크기가 되면 자기 몸의 반을 잘라 버리는 아픔을 감수하는 것이다. 그리고 물질의 확산은 세포가 비누 거품처럼 14면체일 때가 가장 잘 일어나기에 세포들은 그 모양을 닮으려고 애를 쓴다. 속다짐을 굳게 한다는 말이다!

덧붙여서 세포분열의 특성을 보자. 세포는 성숙촉진인자인 사이클린(cycline)이라는 물질을 분비하여 분열을 자극한다. 이렇게 세포분열이 시작된다. 물론 우리가 잘 알다시피 세포분열 전에 핵분열이 먼저 일어난다.

보통 세포는 전기, 중기, 후기, 말기, 휴지기(간기)의 순서를 밟는데 실제로 DNA가 두 배로 복제(증식)되는 시기는 휴지기(간기)이다. 그리고 다른 시기에는 염색질이 질펀하게 퍼져 있어서 염색체가 보이지 않으나 중기에는 가운데로 몰려와 응축되기 때문에 형태나 크기의 관찰이 쉽다. 즉 염색체 크기나 모양을 관찰하기에는 중기가 으뜸이다! 또한 중기는 염색체가 반으로 나뉘어 양극으로 끌려갈 채비를 하는 시기이기도 하다. 그런데 이때는 이미 염색체도 두 배가 되어 두 개의 딸염색체가 붙어 있고, DNA도 네 가닥이 되어 각각 반씩 딸세포로 전해진다.

보통 세포들이 분열을 끝내는 데는 30여 분이 걸린다고 하니 꽤나 빨리 진행되는 셈이다. 그리고 세포분열도 시간이 정해져 있어서 밤 11시 이후부터 새벽 1시까지가 최상 상태라고 한다. 역사는 밤에 이뤄진다고 하지 않는가. 11시에서 새벽 1시면 12시(十二時)의 첫째 시인 자시(子時)이다. 이때가 염색체 관찰의 적기이다. 햇귀(햇살) 보기 전에 모든 유전자의 발현 준비가 끝나 있다고 한다. 잠을 잘 자야 아이들은 무럭무럭 자라나고 병도 빨리 낫는다. 어른도 마찬가지로 잠을 잘 자는 이들이 장수한다고 한다.

무서운 염색체 돌연변이

지금까지는 체세포에서 일어나는 유사분열(有絲分裂, mitosis)에 대한 설명이었다. 그런데 생식소에서는 특유한 분열법인 염색체 수가 반으로 줄어드는 감수분열(減數分裂, meiosis)을 한다. 난소에서는 난모세포, 정소에서는 정모세포에서 배우자가 형성되는데 이들 난모, 정모세포는 둘 다 배수체(2n)로 제1, 제2감수분열이라는 복잡한 과정을 거쳐서 반수체(n) 상태의 난자와 정자를 만든다.

제1분열에서는 염색체의 수가 반으로 줄지만 제2분열은 유사분열과 같아서 수가 줄지는 않는다. 이리하여 단상(n) 상태의 난·정자가 수정해 다시 복상(2n)으로 환원하는 핵상(核相)의 순환을 반복하니 이것이 내림이요 대물림이 아닌가. "가지 따 먹고 외수(外數)한다."라는 말이 있다. 시치미 떼고 속인다는 말이다. 그런데 씨가 들어 있는 DNA는 못 속인다. 거짓말을 못하는 것이 바로 유전자이다.

여기서 갑자기 생각나는 것이 있다. 여자는 태어날 때 이미 40만 개 정도의 난모세포를 난소에 가지고 태어난다는 것이다. 그리고 이것들은 사춘기 이후부터 폐경할 때까지 매월 하나씩 배란(排卵)된다. 그런데 우주선, X선, 여러 가지 화학물질 등 많은 유해한 자극물 때문에 난모세포의 염색체는 해를 입는다. 그런 만큼 염색체에 이상도 나타나기 쉽다. 즉 염색체가 돌연변이를 일으킨다는 말이다. 염색체의 돌연변이는 그 결과가 엄청나다. 하지만 이에 못지않게 유전자의 돌연변이도 무시할 수 없다. 머리에 스치는 것이 있다. 여성이 나이를 먹을수록 난모세포의 돌연변이가 일어날 확률이 높아진다. 그래서 나이가 들면 임신을 삼가는 것이 좋다. 그래서 결혼이 너무 늦으면 좋지 않고 자식도 부부가 젊어서 낳아야 좋다는 것이다.

염색체 이상(異常)에는 염색체의 일부가 없어져 버리는 결실, 일부가 더 생기는 중복, 일부분이 자리를 옮기는 전좌 등 의외로 종류가 많고, 이에 따른 기형아의 출산율도 부쩍 늘고 있다고 한다. 사람의 염색체 이상의 예를 몇 가지만 보자. 상염색체가 하나 더 생겨(45 + XX, 45 + XY) 일어나는(주로 13, 18, 21번 염색체) 다운증후군은 대표적인 예가 되고, 두 개나 많은 46 + XY인 스와이어증후군이라는 것도 있다. 성염색체 이상으로 인해 나타나는 것으로는 XXY, XXXY, XXXXY를 갖는 클라인펠터증후근(X 염색체가 아무리 많아도 Y 염색체가 작용하여 모두 남자가 된다)과 X, XX, XXX를 갖는 터너증후군 등이 있다.

이외에도 염색체 이상현상은 많다. 이것은 모두 일종의 염색체 돌연변이로, 감수분열과정에서 상동염색체가 양쪽으로 떨어져 나가지 못하고 붙어서 한쪽으로 몰려 버리는 비분리현상(非分離現象) 때문에 일어난다. 그들은 거의 모두 유산이 되어 버리거나 태어나더라도 사람 구실을 못한다.

그러면 어째서 최근에 이런 기형아 출산이 증가할까. 만혼(晚婚)에다 각박한 삶, 환경호르몬의 증가, 물과 공기의 오염 등 여러 원인이 이런 불행한 일을 초래케 한다. 대기오염물질만 해도(우리나라에서) 50년 만에 2,000배가 늘어 성한 아이를 낳는 데 좋지 못하고, 대도시에 폐암이 증가하는 이유가 되기도 한다. 과연 어디로 가는 지구인가?

시시콜콜 따지는 곰살스런 생각인지 몰라도, 왜 그 많은 사람들이 하나같이 다 다를까. 같은 부모에서도 모두 얼굴, 성격, 적성, 지능이 다른 아이들이 나오니 말이다. 앞에서 난자나 정자는 모두 2n인 난모, 정모세포에서 감수분열을 하여서 만들어진다고 했다. 그런데 아이들이 각양각색인 이유는 동일한 염색체를 가진 난자와 정자가 드물기 때문이다.

46개의 염색체가 감수분열을 할 때 아무 데나 섞여 버리는 자유조합이 일어나서 동일한 정자와 난자가 만들어질 확률이 각각 2^{23}분의 1, 즉 840만 분의 1이고 이것이 수정되어서 같은 아이가 될 확률은 840만 분의 1 × 840만 분의 1이니 어찌 빼닮은 아이가 태어날 수가 있겠는가. 귀신 곡할 노릇이로다! 그래서 60억 인구 중 '같은 사람'이 나올 확률은 거의 0에 가깝다. 게다가, 묘하게도 제1감수분열 중기에 반드시 염색체의 일부를 맞바꾸는 교차가 일어나니 동일한 유전자를 가진 아이가 태어날 가능성은 전무후무한 것이다.

같은 종 안에서도 서로 다른 형질을 가진 개체를 만드는 다양성을 갖도록 하는 교묘한 장치를 마련해 두고 있는 것 또한 생물의 특징이다. 여기서 말하는 다양성이란 예를 들어, 어떤 사람(개체)은 이 병에 강하고 또 다른 이는 저 병에 강하다는 것이다. 그래서 어떤 질병이 만연하여도 생물이 전멸되지는 않는다. 생물계는 들여다볼수록 재미가 쏠쏠하다. 좀스럽다고 매도할 일이 못 된다. 바로 내 몸(세포)의 비밀스러움을 들여다보고 있는 것이니까.

과학을 모르면 '과맹'

그리고 염색체에 따라서 나름대로 한가운데를 좀 벗어난 곳에, 겉으로 보아서 조금 잘록한 곳이 있는데 이곳을 동원체라 한다(이 위치도 생물의 종에 따라 다르다). 동원체는 DNA가 뭉쳐 있는 자리로, 나중에 세포분열 때 방추사가 붙어서 딸염색체를 양극으로 끌고 가게 된다.

그리고 염색체를 구성하는 DNA의 끝 부분을 '말단부'라 하는데, 이곳의 단백질과 DNA는 염색체의 양끝을 싸서 보호하고 염색체의 입체구조와 전체 골격을 유지한다. 한마디로 염색체의 안정을 맡는 곳이다. 그런데 이상하게도 이 부위 DNA의 염기구조를 보면 모든 동물이 서로 매우 유사하고 끝에는 염기가 모두 GGG로 끝나고 있다. 원생생물인 짚신벌레는

TTGGGG, 트리파노소마는 TAGGG, 고등한 사람(호모 사피엔스)은 TTAGGG로, GGG가 반복하여 비슷하게 나타난다. 이것은 진화상으로 동일종에서 분화한 것이 아닌가 하는 생각을 하게 한다. 짚신벌레와 내가 닮았다고? 아니, 내 할아버지라고? 믿거나 말거나.

그리고 생물이 늙는 원인에는 여러 가지가 있는데 '염색체의 노화' 또한 그중의 하나이다. 바로 앞에서 이야기한 말단부의 DNA가 여러 번 분열을 하고 나면 이중구조로 된 DNA의 끈이 풀려 남루하게 닳아빠지게 된다. 그리하여 염색체가 죽게 되고 따라서 세포가 죽는다는 것인데 세포의 죽음이 곧 늙음이다. 세포가 파괴되면 조직은 괴사한다. 그러나 세포는 언제나 재생력을 가지고 있는 법이다. 말단부의 고장난 DNA는 RNA와 단백질로 구성된 물질인 텔러머라제 효소를 가지고 있는데 이것이 보통 때는 그 끈을 얽어매어서 끝이 마모되는 것을 억제하고 또 수선, 치유하여 되살린다. 당연히 이 작업도 11시 이후에 왕성하다.

세포의 핵 속에는 DNA의 99퍼센트 정도가 들어 있다(엽록체와 미토콘드리아가 나머지 1퍼센트를 차지함). 그런데 그 99퍼센트가 모두 핵 속에서도 염색체에 들어 있으면서 유전자를 만든다고 하니 결국 DNA 줄 따위가 사람의 명을 얽어매고 있다는 것이 아닌가. 그놈의 염색체 설명도 자못 쉽질 않군. 태부족(太

不足)함을 절감한다. 그러나 소귀에 경 읽듯 자꾸 듣다 보면 실마리가 풀릴 수도 있을 듯.

컴퓨터를 모르면 '컴맹'이 된다 하여 저 많은 책이 쏟아져 나오고 있고 또한 잘 팔린다고 한다. 그런데 과학을 모르면 '과맹(science blind)'이 되는데도 사람들이 과학책 읽는 것을 꺼리는 이유는 무엇일까. 학생들이 이공계를 기피한다고 걱정들이다. 다른 나라는 지금 '이공계의 전성시대'이고 과학자가 현대판 귀족으로 대접받고 있는데 우리는? 알다가도 모를 일이다. "어차피 컴맹, 과맹이 됐으니……." 하고 손사래 칠 일이 아니다. 앎이란 얼마나 아름다운가. 세상은 아는 만큼 보인다고 하지 않는가. 모름지기 매사에 도전해 보아야 한다. 필자는 학생들에게도 "도전(challenging)은 아름답고, 변화(changing)는 즐거우며, 하여 얻은 창조(creation)는 행복하다."라고 오늘도 3C를 강조하고 있다. 도전 없는 발전은 없다.

우리의 모든 행동과 습관은 모두 유전물질이 들어 있는 유전자의 지배를 받는다. 우리는 곧 그것의 명령에 따라 움직이는 노예에 지나지 않는다. 자기와 부모의 습성을 꼼꼼히 비교해 보면 그렇구나 하고 느끼게 될 것이다.

유전자 전쟁이 치열하다

유전자가 뭐길래 개〔犬〕는 개요, 사람은 사람이며, 또한 개마다 다 다르고, 사람도 하나같이 꼴과 성질도 다 다르단 말인가. 하기야 한 개의 수정란이 반으로 잘려 생긴, 유전자 구성이 똑같은 일란성쌍생아도 세월이 지나 처한 환경이 달라지면 형상도 개성도 다 바뀌니 모두가 같기를 바라는 것이 무리이다. '세월의 풍화작용'이 달랐기에 '시간의 자국'이 다르게 찍힐 수밖에 없지 않겠는가. "거지는 없는 사람이 아니라 베풀 줄 모르는 사람이다."라고 하지 않는가. 같은 세월을 보내면서도 마음 씀씀이에 따라 자국이 달라진다니 모름지기 지족(知足)을 한 가슴 안고 살지어다.

일란성쌍생아의 생성을 자세히 들여다보면 세 가지 유형으로 나뉜다. 첫 번째, 수정란이 난할을 시작해 일찌감치 2세포기 때 두 세포가 분리되어 버리는 것으로(약 33퍼센트를 차지함) 두 사람이 각각 자기의 양막과 태반을 가지고 발생한다. 두 번째, 2세포기 때 분리되지 않고 조금 지나서 둘이 떨어지는 형으로(거의 대부분을 차지함) 양막은 따로 갖지만 태반은 둘이서 같이 쓴다. 세 번째, 아주 드문 경우이지만 수정 후 9일경에야 분리되는 것으로 양막과 태반을 둘이서 같이 쓴다. 이런 경우에 몸의 일부가 붙어 버리는 샴쌍생아가 될 확률이 높다. 물론 이란성쌍생아들은 제 양막과 태반을 갖는다.

그건 그렇다 치고, 사람의 몸을 구성하는 세포는 100조 개나 된다. 이것이 모여서 200여 가지의 조직을 만들고 그 조직들이 650여 가지의 근육과 206개의 뼈를 구성해 우리 몸을 이루고 있다. 난자와 정자가 수정한 한 개의 수정란이 분열(난할)을 계속해 어떤 세포는 뇌라는 기관을, 어떤 것은 위·간·창자를, 또 어떤 것은 팔다리를 만들고 있으니 이 어찌 신비롭고 신통한 일이 아닐 수 있겠는가. 정상적인 몸과 정신을 가졌다는 그 자체가 요행이요 기적이라 해도 절대 과언이 아니리라. 숨 쉬고 심장 멈추지 않아 죽지 않는 것만도 행복이다. 스페인어로는 "Gracios labida!(인생이여 고맙습니다!)"

수명까지 담보하고 있는 유전자

그런데(예를 들어) 뇌와 위를 구성하는 세포가 하는 일은 다르지만 그들 세포 하나의 핵에 들어 있는 유전의 양과 질은 모두 같다. 조직과 기관의 수많은 유전자(사람의 유전자는 3~4만 개로 본다. 이는 사람의 유전자를 모두 계산하기가 어렵다는 뜻임) 중에서 어느 유전자가 활동적으로 발현하는가가 다를 뿐이다. 다시 말하지만 모든 체세포는 같은 유전자(DNA량)를 갖는다. 난자의 핵을 제거하고 그 자리에 유방세포(체세포)의 핵을 떼어 집어넣어서 키운 것이 양(羊) 돌리(Dolly)가 아니던가. 체세포의 핵에 돌리를 만드는 모든 유전자가 들어 있다는 뜻이다. 필자의 체세포 중 하나를 그런 식으로 처리하면 또 하나의 복사판(복제인간)인 '권오길'이 태어난다.

유전자는 형질과 성질은 물론이고 병이나 수명까지 담보하고 있는 것이라 감히 무시하지 못한다. 후회막급한 일이지만, 장수 집안에 태어나지 못했으면 각오하고 살아야 한다. 80세까지는 환경의 지배를 받지만 그 이상은 유전자가 지배하기에 하는 말이다. 생각해 보면 요새 사람들 참 오래 산다. 진시황이 몇 살을 살았는지 아는가. 49세! 호의호식했던 조선시대 임금님들은 평균하여 얼마를 살았을까. 44세!

아무튼 그 유전자는 세포 핵 속의 염색체에 들어 있고, 염색체는 히스톤이라는 단백질과 핵산인 DNA로 구성되어 있다. 히스톤이 DNA를 염주 모양처럼 이중으로 옭아매고 있어서 세포 하나에 들어 있는 DNA를 뽑아서 이어 보면 2미터가 조금 못 된다고 한다. 염주라!? '생각하는 구슬'이 염주가 아닌가. 그것을 만지면서 독경을 한다! 아무튼 바로 이 2미터의 DNA에 3만에서 4만여 개의 유전자가 들어 있다. 다른 말로는 DNA의 일부분이 한 개의 유전자인 것이다.

좀 더 구체적으로 말하면 2미터의 핵산에는 약 30억 개의 염기쌍이 있기 때문에(23개만 분석한 것으로 상동염색체의 한쪽 것만 계산함) 이것의 순서를 밝히는 일을 세계 도처에서 여러 학자들이 합동으로 하고 있는데 이것이 인간유전자계획이라 했다. 결국 핵산의 일부인 염기의 묶음이 한 개의 유전자인 것이다.

유전자는 몸 구성에 8퍼센트, 대사기능에 17퍼센트, 몸 방어에 12퍼센트, 신호물질 형성에 12퍼센트, 세포분열에 12퍼센트, 핵산이나 단백질 합성에 가장 많은 22퍼센트 정도가 이용된다. 모르는 기능만도 17퍼센트나 된다. 그 많은 유전자는 모두가 독립적으로, 아니면 다른 유전자와 합동으로 위액을 만들거나 신경 전달물질을 만들기도 한다. 다 제가 하는 몫이 있어서 어느 것 하나만 잘못되어도 형질발현이 제대로 되지 못해 세포는 죽고 만다.

사람 세포 하나에서 일어나는 반응이 최소한 500단계가 넘는다는 것을 생각하면 섬뜩하다. 그 과정 하나마다 효소 한 종류가 관여하는데, 반응시 한 단계에만 이상이 생겨도 그 세포는 간다. 죽는다는 말이다. 아니면 돌연변이를 일으켜서 암세포가 되고 만다.

생물의 몸은 철저한 분업을 한다. 한 세포에 모든 유전자를 다 가지고 있는데도 불구하고 반드시 제가 맡은 일에만 충실하다는 것이다. 위세포에서는 위액을, 이자에서는 이자액을, 두개골의 것은 머리카락을, 손톱세포는 손톱을 만들고 있다. 그것에 관여하는 유전자만 발현을 하기 때문이다.

만일 손톱을 만드는 유전자에(손톱세포에) 돌연변이가 일어나 머리카락 만드는 유전자가 활동하게 되면 손가락 끝에 손톱 대신 머리카락이 나오는 일이 발생한다. 얼마나 질서와 순서, 또 맡은 책임을 중시하는 세포들인가. 우리 모두 이들 세포를 닮아서 남의 일 간섭 말고 제 일에만 충실할지어다. 어디 위벽에 털이 나고 머리에서 위액이 줄줄 흘러나온단 말인가.

콩 심은 데 콩 나고 팥 심은 데 팥 난다. 가시나무에 가시 나고, 왕대밭에 왕대 나는 것은 뻔한 일. 씨가 다르면 들키게 돼 있다는 말이다. 여기까지의 결론은, 생물의 모든 특성은 그것이 가지고 있는 유전자에 매였다고 해 두자.

유전자 사냥꾼

그런데 지금 세계적으로 '유전자 전쟁'이 일어나고 있다고 하면 보통 사람들은 무척 의아해 할 것이다. 그러나 그것은 사실이다. 우리나라의 야생동식물(유전자)이 여러 나라에 몰래 넘어갔고 우리도 수단 방법을 가리지 않고 남의 것을 가져오려고 애를 쓰고 있다. 그런데 어처구니 없게도(아니 당연한 귀결이지) IMF 사건 뒤에 그만 종묘상들이 외국인의 손에 죄다 넘어가 버리고 말았다. 지금 우리들이 심는 곡식의 씨앗들은 모두 다 야생종과 교배하여 만들어 낸 잡종이다. 무척 탄식할 일로 우리의 토종 '유전자'를 애석하게도 고스란히 넘겨준 셈이다. 씨 빼앗기 싸움에서 진 것이다.

'유전자 사냥꾼' 이야기가 더 있다. 중국에서는 자기네 장수촌 사람들의 피를 미국의 듀크(Duke) 대학교팀이 뽑아 간 것을 두고도 도적질을 당한 것이라 분개하고 있다. 그 피에서 '장수 유전자'를 뽑아낸 것임을 알았기 때문이다. 남태평양의 작은 섬사람의 피에는 천식을 예방하는 인자가 있고, 어느 섬 원주민의 피에는 암과 당뇨에 대한 면역성이 있다는 것을 알고 이들 피도 뽑아 갔다. 그래서 이들을 '유전자 제국주의'라 하면서 헐뜯고 욕을 퍼붓는 것이다. 사람을 대상으로 하여 '도둑질'을 하는 정도이니 다른 동식물은 말할 필요가 없다. 버드나무 일종에서 아스피린을 뽑았듯이 수많은 신약(新藥)을 식물에서 추출하고 있지 않는가. 흡혈박쥐의 침에서 혈전 예방약을 뽑고, 흙의 곰팡이로 항생제를 제조한다. 즉 '유전자 해적'이 노리는 대상물은 한도 끝도 없다.

　　그냥 쓸데없어 보이는 수많은 야생동식물에는 건강과 장수와 약과 품종이라는 유전자가 들어 있다. 따라서 이를 살펴 잘 보존하고 보관해야 하는데 이를 ‘생물다양성보존’이라 한다. 길바닥에 무성하게 나 있는 저 잡초는 결코 우리가 밟아 버릴 잡초가 아니다. 무등 태워 주고, 아껴야 할 귀하디귀한 보물 ‘유전자’란 말이다. 눈에도 안 보이는 그 작은 세포에 꼴도 모르는 유전자가 박혀 있더라. 우리 세포에는 3, 4만 개나!

가여운 수컷들이여!

"Man is but a reed, the weakest in nature, but he is thinking reed." 파스칼이 갈파한 명언이다. 그러면서도 자기가 남자였기에 그랬던지, 언중유골(言中有骨)이라고, 남자의 우월성을 은근슬쩍 숨겨 놓고 있다. "남자는 세상에서 가장 연약하지만 생각하는 갈대이다."

왜 암수라는 것이 생겨나서 세상을 이렇게 복잡다단하게 만들까. 결혼이라는 성스러운 일이 있는가 하면 이혼이라는 아픔의 멍에를 짊어지고 살아야 하는 사람들이 생겨나니 말이다. 짝을 잘못 만나면 평생을 괴롭게 살다 가야 한다는 것을 생각하면 섬뜩하기까지 한 것이 결혼 아니던가. 세균이나 짚신벌레, 아메바 같은 원생생물처럼 필요하다 싶으면 아무렇게나 턱 반으로 잘려 두 마리가 되고 또 그것이 커서 분열하는

'이분법'이라는 무성생식으로 살아갈 수는 없을까.

이분법으로 사는 생물들은 서로 유전물질이 섞이지 못하기 때문에 어미와 새끼가 유전적으로 하나도 차이가 없다. 하지만 '복제'된 것이라 변화(진화)가 없다는 단점이 있다. 언제나 '닮음'은 '컨닝' 같아서 창조성이 떨어지는 것이니 너무 좋아할 것이 못된다. 닮음과 모방은 다르다. 모방에는 언제나 창조성이 따른다. 아무튼 3억 년 전의 세균이 하나도 변하지 않고 그대로 있는 것은 바로 이 생식 방법 대문이었다. 그러니 정자와 난자가 만나 유전자가 혼합되어 변이를 일으키는 유성생식을 귀찮고 괴롭고 힘들다고 여길 일이 아니다. 낯선 것에 두려워 말고 빨리 익숙해지라 했다. 하긴 두려움이 있을 때 참 용기가 생기는 것이긴 하지만.

칠거지악에 걸릴 남자들

무엇보다 남자(♂)는 여자(♀)보다 일찍 죽는 것이 애달프고 서럽다. 필자가 남자라는 선입관을 빼고 봐도, 고생은 고생대로 하고 제대로 대접도 못 받고 죽는 게 남자가 아닌가. 자식들은 아버지를 외고집에 융통성 부재자로 취급해 버리고 마누라는 잔소리꾼, 폭군이라 비아냥거린다. 권위를 잃은 아버지는 병든 장닭이나 죽음을 앞둔 원숭이 대장의 꼴과 하나도 다르지 않다. 필자도 비슷한 자리에 있다.

잠깐, 여기에서 남녀를 상징하는 ♂(male)과 ♀(female), 이 두 부호의 의미를 살펴보고 넘어가자. 이것은 만국 공통 부호로서 동식물, 세균에도 모두 적용하는데 ♂는 신화 속 '군신(軍神)의 창(槍, spear)', ♀는 '비너스의 거울'을 상징한다.

그런데 남녀의 구분은 오직 염색체 하나로 결정된다. 여자는 44＋XX, 남자는 44＋XY로 남녀는 다같이 44개의 상염색체와 2개의 성염색체, 즉 46개의 염색체를 가지고 있다. 남녀의 결정적 차이는 성염색체 Y에 있는데 이것이 여러 가지 문제를 일으킨다. 술, 여자, 도박 유전자가 거기에 다 들어 있으니 말이다. 속설일 수가 없다. 남자는 앞의 세 가지 중에 어느 하나의 유전자가 유독 강하다. 술을 안 먹으면 외도나 도박을 한다는 말에 일리가 있음이다. 물론 슈퍼맨(?)은 이 셋을 다 하기도 한단다. 한편으로 다른 포유류 수놈들의 Y 염색체도 구성과 역할이 같다고 한다. 그런데 가장 중요한 것은 이것이 정소를 만드는 유전자를 가지고 있다는 점이다. 정소가 생겨나면 남자, 난소가 생겨나면 여자가 된다.

사람의 염색체 수를 확실히 밝힌 이는 1956년 티지오(Jo Hin Jjio)와 레반(Albert Levan) 두 사람이다. 그 전에는 남자는 47개, 여자는 46개를 가지고 있는 것으로 알았다. 염색체를 염색하고 관찰하는 기술이 발달하여 정확한 숫자를 헤아리기에 이르렀다. 그리고 남녀 모두 염색체가 46개라는 것이 밝혀진 지 50년도 안 되었는데 지금 염색체 안에 들어 있는 유전자 연구가 활발하게 진행되고 있다. 정말로 '눈알이 획' 돌 판이다. 과학의 속도가 '빛의 빠름'을 따라가는 듯한 착각을 일으킬 정도이다. 과학에서는 어제의 참(眞)이 내일엔 거짓이 된다는 것을 염색체 숫자에서 봤다. 이것뿐이 아니다. 새로운 사실이 계속 알려지므로 교과서 내용 또한 변화가 빠르다. 과학책은 언제나 새 것을! 하여 책을 모으는 버릇이 우리에게 사라지고 말았다. 내일이면 누더기가 될 책이라서.

그건 그렇다 치고, 왜 남자는 여자보다 나약하고 일찍 죽는 것일까. 남자는 태어나기 전부터 약해 빠져서, 남녀의 수태(受胎) 비율이 ♂:우(성비를 표시할 때는 ♂/우로 한다)가 125 대 100(100분의 125), 즉 1.25배로 남자아이가 훨씬 많다. 그러나 염색체 이상 등으로 125명 중에서 20여 명은 유산 또는 사산하고 실제로는 105명 정도만 태어난다.

그런데 남아 출산이 여아 100명에 105명이 채 안 되는 것이 세계적인 추세라고 하니 이러다가 '씨가 마르는' 것이 아닌지 모르겠다. 제초제의 일종인 다이옥신의 영향으로 이탈리아의 세베소(Seveso) 지방에서는 남아 출생률이 겨우 35퍼센트밖에 되지 않는다는 연구도 있으니 말이다. 이외에 결혼이 늦어져 '늙은 부부'가 많아진 것도 원인의 하나이다. 아들을 낳고 싶으면 결혼을 일찍 하라고 했다. 나이말고도 종족에 따라 조금씩 차이가 나는데 흑인보다 백인에게서 아들이 많고, 아시아 사람들은 역시 아들 출산율이 높다고 한다.

그것도 그렇지만 정자의 수가 격감해 숫제 불임이 늘어가는 것이 더 심각하다. 얼마 전에 덴마크의 코펜하겐 국립대 병원에서 세계 남성 1만 5,000명을 상대로 정자 수를 조사한 결과이다. 50년 전에는 정액 1시시(cc)당 평균 1억 1,000마리이던 정자가 1990년대에 들어 6,600마리로 줄었다는 것이다. 어쩐다. 가정의 불임을 제공한 현대판 칠거지악에 걸려 남성이 쫓겨날 판이다.

X염색체의 위력

앞에서 '늙은 부부'라는 말이 나왔는데, 나이 서른이 되면 남자의 경우 이미 수정란에서 시작하여 400번(분열속도가 빠르다), 여자의 경우는 240번의 세포분열이 있었을 것이라 한다. 그런 점에서 정자의 이상(돌연변이)이 훨씬 많을 수 있다는 것이다. 그러니 "젊은 아버지를 골라라."라는 말이 나올 만도 하다. 'Toy Boy'라 하던가. 우리나라도 실제로 이런 증후군이 나타나고 있다고 한다.

그런데 남자의 정자는 평생 동안 분열을 해 대는 암세포와 유사한 성질을 갖지만 여성은 폐경기가 되면 난자의 형성이 중지되고 만다. 만일에 여자가 너무 늦게 임신을 했다고 가정하면 체력이 달려 태아를 키울 수가 없고 산모가 죽을 확률도 높아지니 자연의 섭리가 얼마나 무섭고 고마운지 알아야 한다. 필자의 기억으로는 외국 어느 여성이 63세에 출산한 예가 최상의 기록이다.

일반적으로 여자(암놈)는 난자라는 고에너지 물질을 만드느라 힘을 절약해야 하기 때문에(새들처럼) 이차성징(二次性徵)인 아름다움을 등한시하게 되어서 결국 남자(수놈)보다 맵시가 더 떨어진다(실제로 남자가 여자보다 더 잘생겼다는 데 이의를 달 사람은 아무도 없다. 그래서 뭇 여성들은 화장을 하는 것이 아닌가). 그리고 다른 동물과 마찬가지로 여성은 수동적인데 반해 남자는 가능한 한 더 많은 유전자를 퍼뜨리기 위해서 적극적이고, 능동적이고, 투쟁적이다.

난자와 정자의 수정과정만 봐도 그렇다. 난자는 난소에서 배란되어 나팔관 입구에 가만히 있는데, 정자는 질에서 그 먼 거리를 헤엄쳐 적극적으로 난자를 찾아간다. 수억 마리 정자 중에서 단 한 마리만 난자에 들어간다. 난막(卵膜)을 뚫고 들어간 다음에는 머리 부분과 꼬리 사이가 도마뱀 꼬리 잘리듯 떨어지고 머리(정핵)만 진입하여 난핵과 결합, '발생'이라는 기적이 일어난다. 정핵과 난핵에는 각각 23개씩의 염색체가 있기 때문에 그것이 합쳐지면 46개로 다시 환원된다는 것은 우리 모두다 잘 안다. 후사를 얻는 것이 그리도 어려운 것이다.

남자는 어눌하여서 혈우병이나 적록색맹에도 더 잘 걸린다. 모두가 성염색체의 X염색체에 그 유전자가 들어 있다. 이 인자는 열성(劣性, X′로 표시함) 인자라서 XX′인 여자에게서는 병이 발현되지 않으나(잠재됨) X′Y인 남자에게서는 곧바로 표현(발현)되고 만다. 그런데 세계적인 남녀의 평균수명을 보면 보통 여자가 두세 살 오래 사는데 비해 우리나라에서는 남자의 수명이 7, 8세나 짧다고 하니 그 원인은 도대체 어디에 있는 것일까. 섣불리 술과 담배 탓만도 할 수 없다. 물론 그것도 하나의 원인이 될 수 있겠지만 말이다.

그것말고도 여럿 있다. 필자는 잘 알고 있다. 다른 스트레스가 관여하는데 그 원천지가 독자들이 생각하는 것과 아주 다른 데 있다. 독자께서는 이 글의 제목을 보시라. 가엽고 철딱서니 없는 남편의 기(氣)를 살려 주라는 것이다. 집안에서 못 펴는 기를 바깥에서 어떻게 펴 본단 말인가. 집에서 새는 바가지 밖에서도 새는 법. 재수 좋아 내가 축생(畜生)으로 환생(還生)치 않고 여자로 태어난다면 내 남편을 구슬리고, 달래고 기를 살려 주어서 오래오래 건강하게 살도록 내조(內助)하리라.

여자가 장수하고 병에도 강한 것은 역시 X 염색체 때문이다. 여성은 XX라는 두 개의 상동염색체를 가지고 있어서 한 쪽의 염색체가 다치거나 이상이 생겨도 다른 것이 기능을 하여 무탈하다. 그러나 남자의 경우는 XY라서 X 염색체에 이상이 생기면 그 세포는 죽고 만다. 알다시피 Y 염색체는 X에 비해서 길이도 3분의 1에 지나지 않고 몇 가지의 유전자만 가져서 무능하기 짝이 없다. 오직 하나, 사내를 만드는 위력이 있을 뿐!

여자의 장수에는 또 다른 이유가 있다. "자동차가 덜컹거리면 당장 정비소로 달려가는데 제 몸이 아프면 미련을 부린다."라고 한 어느 젊은 의사의 말이 맞다. 이렇듯 남자는 미련을 부린다. 하지만 여성들은 몸에 조금만 이상이 있어도 병원으로 직행한다. 사람의 평균수명이 늘어난 것은 좋아진 음식 탓도 있지만 무엇보다 의술과 약물의 발달 때문이다. 그러니 오래 살고 싶으면 병원과 가까이 하는 수밖에 없다. 아무튼 체질적으로, 유전적으로 여성이 남성보다 병에 더 끈질기고, 독한 것이 사실이다. 여자는 봄을 기뻐하고 남자는 가을을 슬퍼한다. 이렇게 정신세계까지도 남녀가 다른 것을 어쩌겠나.

필자만 해도 장수에 관심이 없을 수 없다. 더 건강하게 오래 살고 싶다. 그러나 영원히 불타는 촛불을 봤는가. 죽을 때까지 청빈낙도(淸貧樂道)하리라. 풍요는 인간을 오만케 하고 의지를 약하게 하여 끝내 쇠망의 길로 들어서게 한다.

콜럼버스는 바보야, 달걀은 선다!

　　오늘은 '자연과학의 이해' 마지막 시간이다. 흔히 팀티칭 (team-teaching)이라 부르는 강좌로 물리, 화학, 생물, 지구과학을 한 과목으로 묶어 네 명의 교수가 돌아가면서 가르친다. "맨손 수업은 안 된다."라고 배운지라 그것을 실천해 오고 있는 셈이다. 삶은 달걀을 은박지에 싸서 치켜들고 막무가내로 "이게 뭔지 아는 사람?" 하고 묻는다. 소위 말해서 뚱딴지 같은 질문을 던진다. 호기심 많은 어린이의 마음, 동심(童心)으로 살아야 한다고 늘 강조해 온 터라 학생들의 눈초리가 예전과 다르고, 그것에 관심을 더 보인다(물론 숫제 관심을 안 보이는 구제 불능인 사람도 더러 있음).

　　이제는 은박지를 벗겨 버리고 재차 들어 보인다. "계란이요." 라는 대답이 대부분이지만 나의 의도를 알아차렸던지 "달걀이요.”라는 대답도 나온다. 맞다. ‘닭의 알’이 줄어서 된 달걀, 순수한 우리말이 더 예쁘지 않는가. ‘국어사랑은 곧 나라사랑’임을 강조하고 다음으로 넘어간다. 우리말이 얼마나 예쁜지 저들이 어서 알았으면 하는 마음을 남겨 두고.

“이 달걀은 몇 개의 세포로 된 것인가?”라는 질문에는 모두가 한 개라고 대답을 곧잘 하는데(이 일을 어쩐담?!), “여러분은 몇 개의 세포를 가지고 있는가?”라는 물음에는 황당무계한 일이 벌어진다. 앞자리에 앉은, 강의에 관심을 보이는 착한 학생부터(학점은 교탁과의 거리에 반비례한다?) 차근차근 물어 들어간다. “무수히 많다(비과학적 답이라 좋지 않다고 타이름). 1억, 10억…… 23갭니다.”까지 여러 답이 나온다. 어쩌면 좋단 말인가. 이들은 제 몸의 세포가 몇 개나 될까라는 의문(호기심) 하나 없이 20년을 넘게 살아온 것이다. 너 스스로를 알라고 했는데 말이다.

서양 교과서에는 한 사람이 갖는 세포 수는 평균 100조 개라고 쓰여 있지만 우리는 덩치가 그들에 못 미치니 약 70조 개라고 믿으면 될 것이라고 일러 준다. 그런데 여기에서 더욱 섭섭한 것은, 아니 쓸쓸한 것은 학생들이 감동할 줄 모른다는 것이다. ‘70조 개’라는 말에, “아!”, “야!” 하는 소리가 자기도 모르게 튀어나올 듯도 한데 그렇지 못하다. 강의실에 세찬 파도가 일 때는 일어야 하는 것인데. 하여, 일부러 몸을 부들부들 떨게 하고 소리를 질러 보게 하는 등 감동하는 연습을 시키고 다음으로 넘어간다.

달걀껍질의 정체

달걀껍질은 언뜻 보면 매끈해 보이나 현미경으로 보면 7,000여 개의 분화구 같은 홈이 패여 있다. 그것은 살아 있는 세포인 달걀이 호흡(산소를 빨아들여 양분을 산화시키고 이산화탄소를 내보냄)을 하기 위한 장치이다. 작은 부피에 넓은 면적을 가지려는 생물경제학인 것이다. 작은창자 벽에 유난히 많은 주름이 있고 거기에 아주 작은 무수히 많은 현미경적 융털돌기가 있는 것도 같은 원리이다.

그런데 껍질에 박혀 있는 7,000개의 홈에는 무엇이 들어 있을까? 거기에는 아무리 잘 씻는다고 해도 닭똥이 묻어 있고, 때문에 그것을 먹으려는 세균과 곰팡이가, 또 이것들을 잡아먹으려는 바이러스가 그 구멍에 들끓고 있다. 달걀을 들어서 이에 딱 내려치는 순간, 그 속의 그것들 모두가 입 안으로 쏟아져 들어가지 않겠는가(이 부분에서 학생들의 반응이 꽤나 좋다. 교수는 이런 반응을 예견하고 강의를 진행하는데 간혹 반응이 없을 때는 맥이 쏙 빠짐)?!

그리고 알 껍질 안에 들어 있는 흰자나 노른자도 어미 닭의 몸(수란관)에서 생기는 도중에, 설사를 일으키는 살모넬라균과 같은 세균들에 감염될 가능성이 높기에 달걀은 삶거나 기름에 튀겨 먹어야 한다(꼭 '계란 프라이'라고 해야 하겠느냐는 일갈도 빼지 않음). 그뿐만 아니라 날달걀을 그대로 먹으면 흰자에 들어 있는 아비딘(avidin)이라는 단백질이 비타민 B의 흡수를 억제한다. 그래서 달걀은 반드시 익혀 먹는 것이 좋다. 이렇게 가끔은 '미시의 세계(microworld)'도 여행해야 한다.

그런데 달걀껍질만 속 세포를 보호하는 것이 아니다. 껍질 안에 있는 두 겹의 얇은 막은 물론이고 그 안에 있는 흰자위도 실은 알을 보호하는 하나의 세포막이다. 실제로 세포질에 해당하는 것은 오직 노른자뿐이다. 노른자에도 얇은 보호막이 있는데 이것은 역시 튀겨 보면 단방에 알 수가 있다. 프라이팬 위에 흰자는 쭉 퍼져 버리지만 노른자는 볼록하게 제 모양을 그대로 갖추고 있지 않는가. 어느 한 곳을 찔러야 노른자도 퍼진다.

그리고 노른자의 가장 윗부분이 난핵에 해당한다. 즉, 병아리가 발생할 곳이다. 무정란(無精卵)은 오직 난핵만 있는 알을, 유정란(有精卵)은 이 난핵과 정핵이 결합한(암수 닭을 같이 키워) 수정란(受精卵)을 말한다. 이 수정란에 적당한 온도와 습도만 제공하면 21일 후에 병아리가 탄생한다. 춘천의 어느 술집에서는 얼근하게 취해서 나오는 손님들에게 '계란' 하나씩을 준다. 정자 하나를 더 받은 기(氣)가 넘치는 유정란이란다. 그런데 술기가 오른 기분파들은 정력에 좋다고 잡균이 득실거리는 그것을 입으로 쭉쭉 빨아 젖힌다.

달걀의 세계도 무궁무진하다. 이어서, 여러분은 세상에 태어나 여태 몇 개의 달걀을 먹었을까?라는 질문에 어떤 학생은 아연, 얼굴이 상기된다. 비둘기가 나무에 앉아 있어도 마음은 콩밭에 있듯이 딴 세상을 헤매는, 정신 집중이 안 되는 녀석(?)들이 있어 나를 슬프게 한다.

아무리 먹여 보려고 애를 쓰나 먹기를 거부하는 그들이 나의 교감신경을 자극하여 아드레날린 분비를 촉진시킨다. 그러나 그냥 참는다. 인생은 칼로 마음을 자른다는 아픔의 대명사 '참음(忍)' 그 자체인 것. 녹판(검은 흑판이거나 칠판이 아님)에다 문자 몇 자 쓰면서 아린 마음을 달래 본다. "마음에 없으면(心不在), 보아도 보이질 않고(視而不見), 들어도 들리질 않는다(聽而不聞)."

그러다가 현두자고(懸頭刺股)라는 문자(?)를 써 놓고 강의 아닌 훈계를 한다. 옛 어른들도 졸음이 오면 고개가 숙여지지 못하게 상투를 천장에서 내린 줄에 묶고, 허벅지를 칼로 찔러가면서 공부를 하였노라고.

이 사람들아, 정신 차리시게. 저기 저 일본과 중국이라는 나라와 경쟁을 해야 해. 그들이 괴물로 보이지 않는가. 실패의 반은 게으름에 있다!

달걀과 소금

"달걀을 삶을 때 소금을 넣는데 왜 그럴까요?" 또다시 내가 강의실에 날리는 질문의 화살이다. 누가 뭐라고 해도 사람은 습관의 동물이고 모방의 동물임엔 반론을 제기하지 못한다. 소변 볼 때를 떠올려 보자. 허리띠를 풀고, 지퍼를 내린다. 소변을 본 후에 바지를 추어올리고 지퍼를 닫은 후 허리띠를 맨다. 이런 간단한 과정도 반사적으로 이뤄진 하나의 습관으로, 어릴 때 이것을 배우기 위해서 수없이 많은 반복과 시행착오를 경험하였다.

어른이 되어서도 허리띠를 푼 다음에 무엇을 해야 하고 또 다음에는 어떻게 해야 하는가를 생각해 가면서 바지를 올린다면 얼마나 힘이 들고 또 불편하겠는가. 습관이란 어떻게 보면 생존을 위해 학습보다 더 중요한 것인지도 모른다.

사람들은 달걀을 냄비에 넣은 다음에는 아무런 의문도 갖지 않고 습관적으로 소금, 염화나트륨을 집어넣는다. 그러나 '요리는 과학'인 것이니 다 원인과 이유가 있는 법. 소금을 넣는 것은(학생들의 답은) 하나같이 껍질이 '잘 벗겨지기' 위해서란다. 정말 그럴까. 달걀도 살아 있는 세포이기 때문에 호흡을 하는데 호흡이란 산소를 흡수하여 양분을 산화시켜서 열과 에너지를 얻고 있는 것이다. 그래서 오래된 달걀은 그 내용물이 점점 줄어들고 있다는 것을 알고 있으면 정답을 빨리 찾는다.

아무튼 소금은 왜 넣는 것일까 하고 재삼 다그친다. 100명이 넘는 학생들의 눈 하나하나에 내 눈을 맞춰 가면서. 간을 맞추기 위함일까. 아니다. 옛날에는 짚으로 달걀을 10개씩 묶어서 중간중간 동여 꾸러미를 만들어 운반하다 보니 달걀에 금이 가기가 일쑤였다. 이런 달걀을 삶으면 흰자가 팽창한 공기에 밀려나 커다란 풍선 같은 혹이 만들어진다. 그러면 자연히 더럽다고 그것을 떼어서 버리게 된다. 헌데, 삶을 때 소금을 넣으면 껍질 틈으로 삐져 나오던 흰자(단백질)가 염분(간수)에 굳어(응고)진다. 소금을 친다는 것에 귀중한 과학이 스며 있다. 삶아 맷돌로 간 콩국물에 간수를 뿌리면 콩 단백질이 응고되어 두부가 되는 것을 연상하면 된다.

학생들은 달걀의 흰자가 소금에 굳는다는 말에 고개를 끄덕끄덕한다. 과학이란 바로 왜(why)?라는 의문에서 시작하는 것이고, 그 의문은 어린이의 마음에서만 우러난다. 어린이처럼 살아도 좋다. 어린이의 마음은 순백색이어서 편견과 선입관이 없지 않는가. 얼간이 마음에 부처가 들어 있다고, 동심에는 텅 빈 무심(無心)이 들어 있는 것이다. 과학은 여기에서 시작된다. 동심은 시심(詩心)이요, 시는 과학(科學)인 것. 하여 어린이는 시인이요 과학자다! 마냥 철부지로 살고 싶다.

그런데 이제야 느끼겠지만 달걀을 삶을 때 물에 소금을 넣거나 삶은 후에 달걀을 찬물에 식히는 것은 껍질 벗기기와 아무런 관련이 없다. 왜? 오래된 달걀은 양분이 점점 없어져 내용물이 줄어드는데 언제나 오래된 것이 껍질이 잘 벗겨지는 것일 뿐이다. 다시 말하면 잘 벗겨지는 달걀은 곯은 놈이고, 반대로 벗기는 데 애를 먹이는 달걀은 신선한 것이다. 그런데 우리는 이것을 모르고 왜 이 녀석은 이렇게 안 벗겨지나 하고 짜증 내고 욕까지 하지 않았던가. 죄 없는 달걀만 욕을 얻어먹어 왔다. 껍질이 잘 벗겨지지 않는 달걀은 새 달걀이다! 그래서 관성에 따라 물 흐르듯 세상을 살 게 아니라 거슬러 올라가는 송사리의 슬기를 배워야 한다. 몸에 배인 버릇과 습관에 의존하여 살아가서는 안 된다.

　"여러분, 달걀을 삶은 다음에 왜 찬물에 식힙니까?" 뜨거워서 식히는 것일까요? 하고 단도직입적으로 다시 그들의 궁금증을 자극한다. 앞에서 누누이 이야기를 했건만 아직도 여러 학생들이 "잘 까지라고요."라고 답한다. 옆 친구들이 깔깔 웃어 대는데도 그 뜻을 모르고, 어리둥절해 하면서 무엇이 잘못되었는지 눈치를 못 챈다. 모르는 것은 싸서 줘도 모른다고 하던가. 선입관이란 그래서 무섭다. 방금 이야길 들었는데도, 옛 생각의 뿌리가 뽑히지 않고 남아 있었던 것이다.

　그런데 달걀노른자에는 황(S) 성분이 많아서(그래서 노랗다) 은수저를 황화은(Ag_2S)으로 까맣게 변색시키고 너무 오래되어 곯은 달걀에서는 퀴퀴한 연탄가스 냄새가 나는데 그것이 황화수소(H_2S)이다. 달걀 하나로 쓸 것이 이다지도 많구나.

그런데 달걀을 찬물에 넣어 식히는 것은 절대로 잘 벗겨지게 하는 것이 아니다. 노른자 속의 황(S)과 철(Fe)이 결합하는 화학반응을 억제하기 위함이다. 만일 차게 하지 않으면 적당한 온도에서 둘이 결합하여 황화철을 만들어 버리기 때문이다.

이 황은 단백질을 구성하는 시스틴(cystine)이라는 아미노산에 특히 많이 들어 있다. 달걀노른자를 보면 대개는 샛노란색이지만 어떤 것은 거무튀튀한 색을 띤다. 황화철 때문이다. 경춘선 기차에서 사 먹은 달걀은 대부분 완전하게 식히지 않아서 그런 색을 띠는 것이라고 하면 학생들은 모두가 다시 고개를 끄덕거린다. 얼마나 내 주변에서 일어나는 일에 호기심과 관심을 보이지 않았는가 하는 자책과 반성의 끄덕임일 것이다. 이야기가 이렇게 먹혀 들어가는 순간의 기쁨을 맛보는 것이 가르침의 참 재미이다. 정말로 100분이라는 강의시간은 달걀을 다 들여다보기에 턱없이 부족한 시간이다. 그래서 숙제를 내고 넘어간다.

여러분은 집에 가거든 달걀을 삶은 후 노른자만 빼내어 예리한 면도날로 반을 잘라 보라. 소위 하루테(달걀의 나이테라 보면 된다)가 보일 것이다. 그 고리 하나가 하루를 의미한다. 닭 모이를 매일 다르게 먹였다면 그 테의 색깔이 다를 것이다. 예를 들어 옥수수, 시금치, 당근, 밀식으로 먹었다면 그 고리의 색은 어떻게 배열될까.

없어서는 안 되는 지방

그런데 혹자는 달걀에 콜레스테롤이 많다고 하여 불순한 음식으로 취급한다. 참고로 노른자에만 콜레스테롤이 많을 뿐 흰자는 콜레스테롤이 전혀 없는 순수한 단백질이니, 동맥경화나 고혈압인 사람도 흰자는 먹어도 아무런 문제가 없다. 그건 그렇다 치고, 세상에, 세포분열이 왕성한 대학생들이 닭갈비 껍질, 자장면에 든 비계 한 점도 먹지 않고 버려 버린다. 콜레스테롤이 많이 함유되어 있다는 이유로 말이다.

콜레스테롤은 몸에서 여러 가지 기능을 한다. 세포막과 성호르몬의 주성분이 되며 부신피질 호르몬과 비타민 D 합성 등에도 없어서는 안 된다. 콜레스테롤도 두 가지가 있는데 HDL(high density lipoprotein)은 대단히 좋은 것으로, 되레 혈관의 찌꺼기를 제거해 준다. 단지 LDL(low density lipoprotein)이라는 놈이 나쁠 뿐이다. 때문에 콜레스테롤은 지방의 한 성분으로 반드시 먹어야 하는 필수영양소이다.

콜레스테롤 이야기를 조금 더 해 보자. 미국 사람들의 평균 식단 영양비를 보면 단백질 : 지방 : 탄수화물이 60 : 20 : 20 정도라서 고기를 많이 줄여야 한다는 연구결과가 나오고 있다.

그 보고서가 우리나라 신문, 라디오, TV에 여과 없이 그대로 보도된다. 그런데 우리의 평균 식단 영양비는 어떠한가. 왜 우리가 이 보고서를 믿고 따라야 한단 말인가. 우리 대학생들의 식단은 좋게 보아야 10 : 5 : 85(단백질 : 지방 : 탄수화물) 정도가 되지 않을까 싶다.

막말로 이런 우리 주제에(?) 달걀이 몸에 해롭다고 생각하고 있으니 큰 일이 아닐 수 없다. 삼대(三代)를 잘 먹여야 장골(壯骨)이 난다고 하니 크는 아이들에게 고기를 많이 먹여야 한다. 미국 사람에게나 해당되는 그런 보고서가 우리에게도 해당되는 것처럼 착각하지 말아야 한다. 얼마 전 미국 주간지 <타임>에서 읽은 기억이 난다. 하루에 과일을 아홉 가지 먹으라고 권하고 있다. 게다가 6페이지에 걸쳐 반드시 먹어야 할 것을 나열하고 있다. 생선, 호두, 쇠고기……, 제일 끝에 가서는(이렇게 갖춰 먹는데도) 일주일에 달걀을 다섯 개 먹을 것을 부탁하고 있지 않는가. 포식을 하는데도 달걀을 먹으란다?!

우리는 어째야 할까. 하루 달걀 한두 개는 꼭 먹어야 한다. 그래서 학생들에게 라면을 끓여 먹더라도 반드시 달걀 세 개를 넣어서 먹으라고 부풀려 말한다. 세 개를 넣었더니 너무 걸쭉해서 혼이 났다는 말에, 처음엔 다 그런 것이니, 습관화되도록 하라고 타이른다. 달걀은 절대 불순물이 아니다. 다다익선인 것이 달걀임을 강조하고 넘어간다.

여기에서 체중 조절을 하느라 '다이어트'를 하는 앳된 여학생들에게 한마디 하고 넘어가야겠다. 체중이 늘고 주는 것은 세포 수가 많아지고 적어지는 것이 절대로 아니다. 주로 지방세포에 물과 지방이 많이 들어가 세포가 팽팽해지면 몸무게가 늘고, 적게 먹고 운동을 하여 그것들이 빠져나가면 세포가 쪼그라들게 되어서 체중이 주는 것이다. 그래서 체중이 늘었다 줄었다 하는 것을 장난감 이름을 딴 '요요현상'이라 한다. 절대로 세포 수가 늘었다 줄었다 하지 않는다.

그런데 남녀는 몸을 구성하는 지방의 비가 다르다. 남자는 18퍼센트 정도인데 반해 여자는 25퍼센트나 된다. 그것이 정상으로, 그래야 여자는 임신이 가능하다. 그래서 근육질인 몸을 가진 여자 운동선수는 결혼을 해도 곧 아기를 갖지 못하다가 시간이 얼마 경과하여 지방이 좀 쌓이고 나서야 임신이 가능해진다(출산 문제만 나오면 남녀 학생 모두가 귀를 쫑긋 세움). 몸에 일정한 양의 양분이 비축된 후라야 임신을 하게 된다는 것은 태아와 산모 모두에게 유리한 일이 아닌가. 오묘한 것이 우리 몸의 적응이다.

이리하여 100분에 걸친 '달걀' 강의는 종착점에 이르게 된다. 콜럼버스가 신대륙(거기에 사는 인디언은 엉덩이에 몽고반점을 가지고 있어서 우리와 무척 가까운 사람들임)을 발견하고 돌아와 친구들에게 자랑을 늘어놓는다. 친구들이 그 사실을 믿으려 하지 않자 콜럼버스는 달걀 하나를 친구에게 건네주면서 세워 보라고 윽박지른다. 세워 보려고 낑낑대며 애를 써도 세우지 못하자 콜럼버스가 그놈을 되받아 깨어서 세웠으니, 이것이 바로 '콜럼버스의 달걀'이 아닌가.

달걀 세우기

달걀 세우기와 인연을 맺은 것이 1966년. 필자가 대학 조교 시절이니 꽤나 세월이 흘렀다. <중앙일보>가 주체가 되어서 처음으로 산악인들과 강원도 도계 환선굴(지금은 개발하여 수많은 사람들이 관람을 한다고 함)을 탐사하러 갔을 때이다. 100미터쯤 들어가 폭포 밑에서 점심을 해 먹게 되었다.

그런데 산악인 한 사람이 헬멧 위에 달걀을 세우고 있었다. 그 광경을 목도한 필자는 속으로 "자식, 콜럼버스도 못 세우는 달걀을 제가 세워?" 하고 비아냥거리고 있었다. 그런데 아무런 기술도, 주술(呪術)도 아니고 그저 맨손으로 세우면 서는 것이 달걀임을 나도 그때야 알았다. 얼마나 놀라고 신기했던지! 역사는 먼저 가는 사람의 것이요, 도전하는 사람의 몫이라는 말이 맞다.

오늘 강의는 재수가 참 좋다. 그동안에 내 달걀을 받아서 열심히 세우고 있던 학생이 "선생님, 섰어요!" 하고 고함(포효에 가깝다!)을 치면서 벌떡 일어서는 게 아닌가. 흥분한 기색이 역력한 그 학생을 진정시키고, 여러 학생들에게 격려의 박수를 치도록 한다. 뒤에 있던 학생들은 우뚝 선 닭의 알을 쳐다보느라 정신이 없다. 기웃거리며 믿기지 않는지 아직도 반신반의(半信半疑)한다.

선입관(先入觀)이란 참 무서운 것이어서 사람을 옴짝달싹 못하게 한 자리에 옭아맨다. "콜럼버스도 세우지 못한 달걀을 내가 어떻게 세운담." 하는 선입관, 편견이 머리를 채우고 있으니 달걀 세우기에 도전을 하지 못하는 것이다. "혁명(revolution)적인 사고 없이는 진화(evolution)도 없는 것", 무릇 창조는 선입관의 타파에서 비롯되는 것임을 명심하라고 말하며 아쉬운 마지막 수업을 끝낸다.

독자들도 달걀을 세워서 콜럼버스 코를 납작하게 해 볼 지어다. 꼭 도전해 보시라. 새로운 도전의 아름다움, 흐뭇한 성취감을 경험하게 될 것이다.

식물(食物)을 제조하는 식물(植物)의 엽록체

심어진 제자리를 지키면서 주어진 대로 꿋꿋이 살아가는 나무 한 그루, 풀 한 포기를 볼 때마다 경외감이 느껴지는 것은 나이 탓일까. 말 못하고 움직임도 잃어버린 생물이 푸나무가 아닌가. 나무는 나이를 먹으면 품격이 높아지는데 사람은 늙으면 추해진다. 소나무에게 기개를 배우고, 대나무에게 절개를 배운다. 그래서 이것들이 존경스러우면서 두렵기까지 하는 것일까. 물이 적으면 뿌리를 더 깊숙이 뻗고 햇빛이 모자라면 줄기를 하늘 높이 늘이니 어찌 한낱 식물에 불과하다며 무시할 수 있겠는가. 무언으로 궁행(躬行)하는 창조물이 식물이다.

세상의 생물은 크게 동물, 식물, 미생물로 나눈다. 그중에서 스스로 양분을 만들어 사는 자가 영양(自家營養)을 하는 것은 오직 식물뿐이다. 여기서 말하는 식물이란 세포에 엽록체를 가지고 있어 광합성을 하는 녹색식물을 일컫는 것으로, 생물 중에서 유독 이들만이 '식물(食物)'을 만들 수가 있다. 이들이야 말로 '천상천하유아독존(天上天下唯我獨尊)'인 셈이다. 다른 것들은(사람도) 아무리 큰소리쳐 봤자 모두 꾀죄죄하게 어머니 식물에 빌붙어(종속영양을 하여) 사는 기생물에 지나지 않는다.

어째서 우리가 전적으로 식물에 신세를 지고 사는가는 누누이 설명을 하지 않아도 알 것이다. 혹시 채소나 곡식도 먹지만 식물과 무관한 생선이나 육류도 먹지 않느냐고 반론을 제기할지도 모르겠다. 하지만 결국 물고기도 식물성 플랑크톤이 합성한 양분을 먹고산다. 닭고기나 쇠고기가 뭘 먹고 살이 쪘는지 생각해 보자. 사람도 저 지존(至尊)한 녹색식물의 젖과 꿀 덕에 살고 있음을 인정하지 않을 수 없다.

초능력을 가진 엽록체

어쨌거나 녹색의 '엽록체님'께서는 어떤 초능력을 지녔기에 여느 생물도 만들지 못하는 포도당을 합성하는 것일까. 여기에서 유독 포도당을 논하는 까닭은, 식물이 맨 먼저 만드는 초산물(初産物)이 포도당이고 이것을 재료로 하여서 녹말은 물론이고 지방이나 단백질, 비타민이 만들어지기 때문이다.

광합성 원리에 대해서는 다음에 더 자세히 이야기하기로 하고, 먼저 엽록체의 특성을 보도록 한다. 식물이 가지고 있는 색소체(色素體)는 크게 세 가지로 나뉜다. 엽록소 a와 b가 들어 있는 녹색인 엽록체, 흰색인 백색체(白色體, 무 뿌리 같은 것은 빛을 받는 곳은 백색체가 엽록체로 바뀌어 녹색이 됨), 적황색을 띠는 잡색체(雜色體)가 그것들인데, 풀과 나무의 새싹에는 유달리 잡색체가 많다. 잡색체는 강한 빛에도 파괴되지 않으나 엽록체는 금방 파괴되고 만다. 그래서 처음에는 잡색체가 생겨나고 그것이 적응하면서 엽록체가 생겨난다.

엽록체는 구형(球形), 난형(卵形), 원반형(圓盤形)이 있는데 일반적인 것은 세균보다 조금 큰 원반형으로, 그 두께는 2.5마이크로미터, 길이는 5마이크로미터 정도이다. 녹색식물의 잎이 녹색인 것은 엽록체 때문이고, 엽록체가 녹색인 것은 그 속에 들어 있는 엽록소 때문인데, 이 엽록소들이 다른 빛은 흡수하고 녹색만 반사하기에 우리 눈에는 잎이 녹색으로 보인다.

태양에너지를 받아서 생물이 먹는 양분을 만드는 신성체(神聖體)인 엽록체를 설명하려면 끝이 없고, 또 그리 쉬운 일도 아니다. 허나, 사실 글이란 속속들이 다 몰라도 느낌으로 읽을 수 있지 않은가. 어쨌거나, 이파리나 줄기의 엽록체가 양분만 만드는 곳이던가. 산소도 만들어 내지 않는가. 혐기성세균(嫌氣性細菌, 이 세균은 산소를 만나면 되레 죽는다)을 제외하고 모든 생물에게 없어서는 안 되는 산소를 어느 생물이 만들 수 있는가.

'산소'는 신선하고, 맑고, 살갑고, 정다운 것으로 더러운 것은 삭혀 버린다. 미토콘드리아 이야기에서도 누차 강조했지만, 세포에서 양분을 산화(분해)시켜서 열과 에너지를 내는 데 산소가 작용하지 않던가. 이것 없이는 한시도 살지 못하니 이것을 '생명의 기체'라 한다. 그런데 이러한 산소를 만들어 내는 것이 녹색식물의 엽록체이다. 때문에 식물이 없으면 세균도, 식물도, 동물도(사람) 살지 못한다.

'세포의 진화'에 대해 설명할 때 이런 예를 들곤 한다. 동물세포는 미토콘드리아만 갖는데 반해 식물세포는 미토콘드리아와 엽록체 둘 다를 보유하게 되었으니 어떤 면에서는 식물이 동물보다 더 고등하다고 말이다.

이것들은 모두 세균이 변형된 것이라 그 원초적인 특성을 고스란히 가지고 있다. 그리고 동식물세포의 분열과 관계없이 필요에 따라서 분열을 조절하고 있으니 '공화국 속의 독립국'이 미토콘드리아요 엽록체인 셈이다. 다른 점이 있다면 엽록체는 빛에너지를 화학에너지인 ATP로 전환시키는 반면 미토콘드리아는 음식에 든 화학에너지를 ATP로 전환한다.

지금 우리는 저 풀과 나무의 전용물인 포도당 합성공장, 즉 엽록체에 대해 논하고 있다. 사람이 세포에 엽록체를 지녀서 '녹색인간'이 되었다면 똥물 마시고 두 팔 활짝 펴서 햇볕만 쬐면 배가 부르니 아웅다웅 다툼 없이 고즈넉한 삶을 살아가련만. 목구멍이 포도청이라 바득바득 이를 갈고, 토끼뜀을 해야 겨우 생명을 부지한다. 멍청한 생물학자들아, 돌리를 만들 게 아니라 엽록체 유전자를 사람 난자에 집어넣어 세포 속에 엽록체가 들어 있는 '녹색인간'이나 만들어 볼 것이지.

식물세포 하나에 엽록체는 몇 개나 들어 있을까. 딱 부러지게 답을 할 수는 없다. 식물도 너무나 다양해서 단세포 녹조류는 단 한 개의 엽록체를 가지고 있는가 하면 옥수수는 평균 40개, 어떤 것은 수백 개나 가지고 있다고 한다. 또한 빛을 적게 받는 음지식물은 양지식물보다 훨씬 더 많다. 그리고 일조량과 성장속도에 따라 숫자가 달라지니 같은 식물이라 해도 시기와 장소에 따라서 다르다.

헌데, 세상에는 멘델법칙을 따르지 않는 유전도 있으니 미토콘드리아와 이 엽록체가 여기에 속한다. 둘 다 모계성유전(핵유전이 아닌 세포질유전)을 한다. 식물의 꽃가루에는 엽록체가 없다. 암술(씨방) 배낭세포에 있는 엽록체의 전신(前身)인 전색소체(前色素體)가 나중에 엽록체, 백색체, 잡색체를 만들어 낸다. 씨방은 곧 자궁, 아기집이 아닌가. 식물의 짙푸름은 수컷(꽃가루)이 아닌 암놈(배낭세포) 쪽 형질을 고스란히 받는다. 미토콘드리아가 모계성이듯 엽록체도 엄마를 닮는다. 자칫하면 놓치기 쉬운 부분이다. 근본은 식물과 동물이 같아서 식물도 당연히 엄마 쪽을 더 닮는다.

그런데 춘란(春蘭)의 잎에 누르스름한 무늬가 있으면 그 값이 천정부지로 치솟는다. 엽록체가 형성되지 못해 노란 점무늬가 생긴 것으로, 이는 일종의 엽록체 돌연변이이다. 그런데 이런 못난 식물이 단지 희귀하다는 이유만으로 값이 나간다니, 웃기는 일이 아닐 수 없다. 희귀한 것은 무조건 고귀하다?

식물도 동물과 다르지 않다. 암술의 씨방은 아주 크며 모든 양분을 거기에서 얻어 씨앗(열매)을 맺는다. 그리고 수많은 꽃가루 중 하나만이 작은 정핵 하나를 공급한다. 동물의 세계와 똑같다. 무력한 수컷들이 허풍선이로 큰소리만 친다.

우리는 태양을 먹고산다

이제 광합성의 원리와 과정을 간단히 살펴보자. 옛날에는 식물의 잎을 막자사발에 갈아서 색소를 분리해 광합성 실험을 했었다. 하지만 요새는 이 분야의 기술도 발달해 잎에서 엽록체 알갱이를 추출한 후 그것들을 모아서 빛의 흡수나 산소의 생성, 이산화탄소의 환원 등을 연구할 수 있게 되었다.

여기에서 이산화탄소의 환원이란 말이 어렵게 들린다. 이산화탄소(CO_2)가 수소(H)를 받아들이는 것을 '환원'이라고 하는데, 이산화탄소에 수소가 끼어들어서 CH_2O 상태로 되는 것을 말한다. 그리고 이것이 여섯 개 모이면 모든 양분의 기본이 되는 $C_6H_{12}O_6$, 즉 포도당이 된다. 이산화탄소와 물이 환골탈태하여 포도당을 탄생시킨다. 복잡한 이야기는 중략. 한마디로 말

해서 잎의 기공(氣孔)으로 들어온 이산화탄소(CO_2)가 물(H_2O)
이 분해된 수소(H)를 받아들여서 포도당이 된다는 것이다. 그
리고 식물이 내놓는 산소는 이산화탄소의 산소가 아니라 뿌리
에서 빨아들인 물이 분해되면서 생긴 부산물이다. 물에서 분
해된 산소를 우리는 마신다! 불순물로 취급하는 이산화탄소는
포도당을 만든다. 하여, 우린 이산화탄소가 없어도 못 산다. 넘
쳐도 탈, 모자라도 탈이로구나! 과유불급(過猶不及)이 해당하지
않는 것이 없구료.

그런데 이 광합성 과정이 쉬웠다면 사람들은 벌써 포도당
만드는 공장을 만들어서, 비료 공장에서 비료를 만들어 내듯
했을 것이다. 허나 무엇보다 엽록체의 구조와 똑같은 공장과
수많은 효소를 만드는 일이 불가능하기에 시도는커녕 꿈도 꾸
지 못한다. 신성불가침의 영역이다.

하여튼 빛에너지를 화학에너지로 전환시키는 요술은 오직
녹색식물만이 부릴 수 있으며 그 원리를 알기 위해서 식물생
리학자들이 무던히도 애를 쓰고 있으나 아직도 그 비밀을 다
밝혀내지 못하고 있는 실정이다. 하여튼 뿌리에서 물과 무기
염류를, 잎에서 이산화탄소를 흡수한 엽록체가 햇빛을 받아서
그 빛이 가진 기(氣)를 고정하여 자라나고, 열매나 뿌리줄기에
고정한 에너지를 저장하는 요상한 일을 식물만이 한단다?! 여
러 곳에 저장한 것(양분)을 우리 동물들이 빼앗아 먹는다. 위대

한 인간들이여, 그대보다 더 뛰어나고 훌륭한, 우리에게 젖을 주는 분, 어머니가 바로 식물이다. 우리의 산해진미, 진수성찬은 죄다 엽록체가 차려 준 것이로다. 오로지 엽록체이다. 태양을 담는 신통력을 가진 그대 바로 엽록체올시다!

따라서 이 지구에 존재하는 모든 에너지는 태양에서 온 것이다. 그래서 우리가 먹고 마시는 것 모두가 결국은 태양을 씹고 들이키는 것이며 그래서 사랑하는 사람을 '나의 태양'이라 부르는 것이리라. 가까운 예로 밥은 벼 잎 엽록체에서 광합성이 일어나 만들어진 것인데, 그것을 먹으면 우리 몸 세포의 미토콘드리아에서 그 에너지를 뽑아내어 우리가 활동하는 데 쓴다. 결국 우리의 활동에 쓰는 에너지는 모두 태양에너지인데, 밥이 아닌 달걀이나 쇠고기, 생선을 먹는다면 어떻게 될까.

앞에서도 언급했듯이 사료의 원료인 곡식도, 강이나 바다의 식물성플랑크톤도 모두가 엽록체를 가지고 있어서 태양에너지를 화학에너지로 고정시킨다. 그것을 먹은 육류나 생선에 그 에너지가 흘러드니 결국 우리는 태양을 먹는 셈이다.

조금만 더 부언하면, 바다에서 엽록체를 지닌 식물성플랑크톤을 동물성플랑크톤이 먹고, 계속해서 그것을 새우 → 작은 고기 → 중간 고기 → 큰 고기 → 고래의 순서로 먹이사슬이 이루어진다. 그런데 이것은 관계뿐만 아니라 그 고리를 타고 일어난 태양에너지의 흐름을 나타낸다. 사람이 고래를 잡아먹었다면 고래 고기를 먹은 것이 아니라, 식물성플랑크톤에 들어 있는 엽록체가 고정한 태양력을 먹은 것이다. 지렁이를 먹어 낳은 달걀도 마찬가지이다. 지렁이는 썩은 가랑잎을 먹었고 그 낙엽의 에너지는 바로 잎사귀 엽록체에서 만든 양분이니 이것마저도 우리는 태양에너지를 삶거나 튀겨서 먹는 셈이다. 허 참, 저 뜨거운 태양을 거리낌 없이 삶아 먹는다! 일 초에 30만 킬로미터를 달리는 그놈의 빛을 잡아서 냠냠 먹는다.

그런데 에너지라는 것은 모두가 전자(電子, electron)에 실려서 이동한다. 우리가 사용하는 전기라는 것도 전자가 거꾸로 흐르는 것인데, 전자에 힘이 실려 있어서 전기로 냉장고 세탁기를 돌리듯이 미토콘드리아나 엽록체에도 전자들이 에너지를 운반하여 ATP에 저장하기도 하고 에너지를 끌어내기도 한다. 독자 여러분은 그나마 무척 난해한 세포의 한 터널을 잘도 동행해 주었다. 고맙다.

누가, 어떻게 고결하고 아름답다 못해 신비하기까지 한 이 엽록체를 만들어 내어 지구에 생물을 살 수 있게 했을까. 찬탄을 금치 못한다. 우리는 저 풀 한 포기, 나무 한 그루에 결초보은(結草報恩)은 못 할지언정 마구잡이로 베어 버리고 자르진 말아야 할 것이다. 진수무향(眞水無香), 진짜로 맑은 물은 냄새가 없다고 하듯이, 아무 말 없는 저 엽록체야말로 최고로 소중한 먹잇감과 산소를 무한히 주기만 한다. 고맙다. 엽록체여!

핵산이란 요물단지

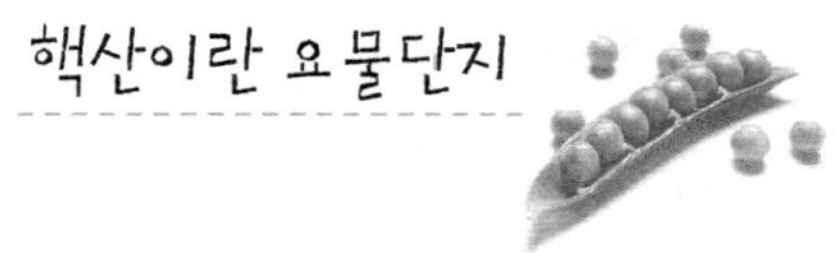

핵산의 역사 또한 그리 짧지가 않다. 핵산은 100년도 훨씬 전인 1869년에 스위스 학자 미셔가 고름(화농균) 속에서 발견하였다. 그것은 멘델이 유전법칙을 발표하고 나서 4년이 지난 후였다. 그래서 그 물질의 이름을 '뉴클레인(nuclein)'이라고 붙였고 뒤에 "핵에 들어 있는 물질로 산성을 띤다."라고 하여 어슷비슷한 말인 'nucleic acid'라 고쳐 부르고 그것을 번역하여 '핵산(核酸)'이라 쓰게 되었다.

핵산은 DNA(디옥시리보핵산)와 RNA(리보핵산)로 나누는데 일반적으로는 DNA에서 RNA가 만들어진다(특수하게 RNA에서 DNA가 만들어지기도 한다는 사실을 나중에 알게 됨). 그리고 DNA는 주로 핵에 있고 RNA는 세포질에 존재한다. 그런데 세포질에 DNA가 있는 것도 있다는 것이 나중에 밝혀졌다. 미토콘드리아와 식물의 엽록체가 그것이다. 이 두 세포소기관은 핵분열을 하지 않는데 그들이 갖는 DNA의 명령을 받아서 언제나 필요에 따라 분열을 한다. 그런데 세균을 포함해 생물의 모든 자식은 부모를 닮는다. 그런데 그 본체가 도대체 어떤 물질일까 하는 것은 옛날부터 내려온 인류의 수수께끼요 숙제였다. 동물의 경우만 봐도 난자와 정자라는 것이 수정되어 양쪽의 유전형질이 섞여 내림을 한다. 그 물질은 핵에 있고 그것이 유전자, 즉 DNA라는 것이 알려진 지는 그리 오래되지 않았다. 멘델도 유전자는 '보이지 않는 어떤 물질'이라 생각했고, 단백질이 그 일을 맡고 있다고 생각한 적이 있었다. 도 아니면 모이다? 이제 막 핵산 연구의 걸음마를 시작했다고나 할까. 아니다, 난자와 정자가 수정하는 단계라는 말이 맞겠다.

핵산의 연구 역사는 길고 많아 여기에 다 쓸 수가 없다. 1953년에 웟슨과 크릭이 "DNA는 이중나선(The double helix) 구조이다."라고 발표하기에 이르는데 이는 두말할 필요 없이 이 분야 연구에 기폭제가 되었다. 이거야말로 생명 본질의 구조를 밝히는 효시요, 시금석이 되었던 것이다. 그리고 이것은 생물학, 화학, 물리학이 합동으로 이룬 금세기 최고 종합과학의 금자탑으로 여겨진다. X선회절(X-ray diffraction)이라는 물리학 기술 도입으로 핵산이라는 큰 분자 속에 배열되어 있는 원자의 위치를 알아낼 수 있게 되었는데 여기에 크게 도움을 준 물리학자 윌킨스(Maurice Hugh Frederick Wilkins)도 뚝심 좋은 앞의 두 사람과 함께 노벨상을 받았다.

생사를 쥐고 있는 네 개의 글자

다시 핵산구조 이야기로 돌아와서, DNA는 탄소를 다섯 개 가진 5탄당, 질소를 갖는 염기, 산성을 강하게 띠는 인산 이렇게 셋으로 이루어진 뉴클레오티드(nucleotide)라는 단위로 구성되어 있다. 구체적으로 말해 디옥시리보오스(deoxyribose)라는 당과 아데닌, 구아닌, 티민, 시토신이라는 네 개의 염기, 여기에 인산이 붙어 있다. 하여 DNA는 네 개의 뉴클레오티드 즉 아데닌 뉴클레오티드, 구아닌 뉴클레오티드, 티민 뉴클레오티드, 시토신 뉴클레오티드로 구성되어 있다. 예를 들어 아데닌 뉴클레오티드는 가운데 디옥시리보오스가 있고 양팔에 인산과 아데닌 염기를 달고 있는 구조로 되어 있다. 그리고 상보적(相補的)으로 아데닌(A)은 티민(T)과, 구아닌(G)은 시토신(C)과 결합하여 두 줄로 꼬인 사다리 모양인 이중나선구조로 되어 있다. A와 G를 합쳐서 푸린(purine), T와 C를 피리미딘(pyrimidine)이라 하는데, 푸린이 피리미딘보다 구조가 약간 더 복잡해(커서) 긴팔—짧은팔(A-T, G-C)끼리 상보적으로 연결되어 있다.

다시 말하면 DNA의 사다리 뼈대를 이루는 것은 당과 인산이고 발 디딤목에 해당하는 곳에 염기들이 서로 짝을 이뤄서

(단단한 수소 결합을 하는데 A-T 사이는 이중, G-C 사이는 삼중 결합을 한다) 나선형으로 뒤틀려 감으면서 올라가 타래 모양을 하고 있다. 이들이 상보적인 것은 '큰(긴) 것'과 '작은(짧은) 것'끼리만 짝을 이루기 때문이다. 그리고 DNA가 꼬면서 감아 올라갔다가 제자리로 돌아오는데 대략 열 개의 염기쌍이 필요하다. 이때 한 개의 염기쌍과 그 위(아래) 염기 사이의 거리는 약 3.4Å(1Å은 100억 분의 1미터)로 우리로서는 상상도 못할 정도로 섬뜩하게 짧은 거리이다. A, G, T, C 이 네 문자가 유전은 물론이고, 진화에다 생명을 죽이고 살리기까지 한다니 세상은 어찌 보면 참 간단하고 어찌 보면 한없이 복잡하기만 하다.

DNA가 꽈배기 모양으로 꼬인 두 가닥구조인데 반해서 RNA는 외가닥구조이고 뉴클레오티드의 구성에서도 당이 리보오스(DNA는 디옥시리보오스), 염기도 티민이 아닌 우라실인 점이 DNA와 다르다. 결국 둘은 닮았지만 구조는 다르다는 말이다.

생물 중에서 하등하다고 하는 원핵세포인 세균과 광합성을 하는 시아노박테리아의 핵산을 먼저 보자. 이들은 대부분 DNA가 한 가닥인데 가끔 둘로 된 것도 있다. 여기서 이야기하는 것은 세균들은 보통 딱 한 개의 염색체를 가지고 있고 거기에 핵산이 들어 있는데 이외에 플라스미드라는 이중구조로 되어 있는 작은 고리모양의 DNA도 따로 있다는 것이다. 결국 이 세균들의 전반적인 대사를 조절하는 염색체 유전자말고도 따로 플라스미드에 들어 있는 유전자가 있어, 거기에서 다른 세균을 공격하는 항생물질을 만들어 낸다.

이 작은 핵산 토막이 세균의 삶에 매우 중요한 역할을 한다. 효모 같은 자낭균도 플라스미드를 가지고 있어 유전공학에서 '운반자'로 많이 쓰인다. 현대 유전공학에서는 초파리가 아닌 대장균과 효모를 연구 자료로 더 많이 사용한다. 완두콩, 초파리에서 생활사가 아주 짧고 다루기 쉬운 세균 등으로 옮아 온 것은 당연지사가 아니겠는가. 1년에 한 번 얻는 결과를 20분이면 끝낼 수가 있다! 압권이란 말을 이럴 때도 쓸 수 있을까?

그런데 이 세균들도 유전물질인 DNA를 서로 바꾸고 있다. 세균이 죽은 후에 변성(분해)하지 않고 남아 있는 DNA(다른 영양소에 비해서 단단하여 잘 파괴되지 않는다)를 다른 살아 있는 세균이 세포에 집어넣기도 한다. 더 재미나는 것은 두 마리의 세균이 짝(mating type)을 찾아서 달라붙고(접합) 둘 사이에 '세포질다리(cytoplasmic bridge)'를 만들어 그것을 통하여 플라스미드를 서로 교환한다는 것이다. 그래서 돌연변이를 일으킨 항생제에 대해서 한 마리에게만 내성균이 생겨도 옆의 약한 세균이 내성균의 DNA를 받아서 저항성을 갖게 된단다.

그리고 바이러스 중에서 RNA 바이러스는(감기 바이러스도 단백질 껍질 안에 핵산 RNA를 가지고 있어서 대부분 RNA 바이러스임) RNA가 일단 DNA를 만들면 그 DNA의 조절하에 단백질을 합성하여 번식을 한다. 이때는 특유의 효소인 역전사효소(reverse transcriptase)를 이용한다. 사람들 역시 유전자조작에 이 효소를 뽑아 쓴다는 것을 다음 글에서 알게 될 것이다. 독자들은 핵산을 갖지 않는 생명체는 없다는 것을 눈치 챘을 것이다. 그리고 곧 이야기하겠지만, 핵산은 생물체의 모든 구조와 기능에 관여하는 단백질 합성에 중요한 역할을 하기 때문에 생명현상에 없어서는 안 되는 생명의 원적(原籍)이다.

DNA 자기복제

크게 보아서 모든 산 세포에는 핵막이 있다. 실은 핵 안에 염색체가 들어 있고 그 염색체 안에 DNA가 돌돌 감겨들어 있다. 살아 있는 세포는 분열을 한다. 세포질분열 전 핵분열이 일어나려면 중요한 염색체의 양과 크기가 두 배가 되어야 한다. 따라서 염색체를 이루고 있는 DNA도 복제가 일어나야 한다.

다른 영양소는 말할 것도 없고 이때 사용되는 핵산 물질도 우리는 스스로 합성하지 못하니 반드시 '음식'으로 섭취해야 한다. 배추나 빵은 물론이고 달걀에도 다 핵산이 들어 있다. 고분자 물질인 DNA, RNA는 이자액과 소장 액에 들어 있는 DNase, RNase 같은 핵산 분해효소의 가수분해로 가장 기본 단위가 되는 분자인 뉴클레오티드 상태까지 소화되어 소장에서 흡수된다. 그 후에 우리의 모든 세포에 들어와 사람의 핵산으

로 새로이 재합성을 한다. 핵산뿐만 아니라 단백질도 마찬가
지이다. 달걀을 먹어 그것이 소화되면 간단한 아미노산으로
분해되어 피를 타고 각 세포에 가서 사람의 단백질로 재합성
된다. 단백질이 다르다는 것은 곧 아미노산의 결합(배열) 순서
가 다르다는 것이다. 생물이 서로 다른 것은 핵산이 다르고, 단
백질이 다르기 때문인 것임을 다시 한번 눈치 챌 수 있다.

그러면 DNA 자기복제는 어떻게 일어날까? 앞에서도 언급했
듯이 세포분열 시에는 핵산도 두 배로 늘어나 딸세포에 반씩
전달되고 DNA도 복제를 한다. 복제는 휴지기에 일어난다. 제
일 먼저 DNA 두 가닥이 순서대로 풀려(염기 사이의 수소결합이
잘림) 각 가닥이 멀찌감치 떨어져 나가고, 음식으로 들어온 새
로운 뉴클레오티드가 달라붙어 새로운 두 가닥의 DNA를 만든
다. 결국 한 줄은 어미 DNA이고 다른 한 줄은 새로운 새끼로,
어미줄과 새끼줄이 맞붙어서 새 DNA로 복제가 된다.

복제 속도가 상상을 초월할 정도로 빨라서 1초에 평균 50개
의 새로운 뉴클레오티드가 만들어진다. 그래서 새로 만들어진
각각의 DNA가 나뉘어서 딸핵으로 들어가게 된다. 복제 때도
효소가 필요한데 이것을 통틀어 DNA 중합효소(重合酵素,
polymerase)라 한다. 그리고 세포에서 일어나는 반응치고 효소
가 들어가지 않는 것이 하나도 없다는 것을 거듭 말해 둔다.

그렇다면 효소를 포함하여 항체, 호르몬, 세포의 구조물(뼈

대)이 되는 단백질은 어떻게 만들어질까. DNA는 자기가 직접 단백질을 만들지 못하고 대리인(代理人) RNA를 시켜 합성케 한다. RNA에는 DNA의 유전정보를 받은 전령 RNA(messenger RNA, mRNA), 세포질에서 아미노산을 운반하는 운반 RNA(transfer RNA, tRNA), 리보솜을 구성하는 리보솜 RNA(ribosomal RNA, rRNA) 이렇게 세 종류가 있다. 다음 이야기는 세포 속에서 일어나는 일이다. 얼마나 복잡다단한 일이 세포 안에서 일어나는지 어렴풋이나마 느껴 보자.

mRNA는 핵의 DNA 한 가닥에서 전사(轉寫)된다(A에는 U, T에는 A 식으로 새로운 한 가닥이 만들어짐). RNA 중합효소에 의해 생긴 mRNA는 모든 염기를 그대로 쓰지 않고 두 번에 걸쳐 유전자로서 기능을 하지 않는 부위인 '인트론(intron)'은 제거해 버려 버리고 유전자가 발현되는 부위인 '엑손(exon)'만 모아 성숙한 mRNA를 형성한 후 핵막공(核膜孔)을 타고 세포질의 리보솜에게 간다. 그리고 핵 속의 인에서는 세포질에서 만든 단백질을 핵 안으로 끌어들인 후 rRNA와 함께 단백질 만드는 곳인 리보솜을 만들어 내보낸다. 이때 세포질에 있는 tRNA는 아미노산을 리보솜에 가지고 갈 만반의 준비를 하고 있다. 여기까지는 mRNA와 rRNA가 만들어지는 과정에 대한 설명이었다.

다시 말해 DNA가 RNA를 만들고 이것들이 단백질을 만든다는 것인데, 핵의 DNA 유전정보를 가진 mRNA가 세포질로 나가면 그것을 알아차린 리보솜들이 달려와서 mRNA를 타고 쭉 지나간다. 이때 tRNA가 합성효소를 사용해 아미노산을 잡아끌고 와서 아미노산들끼리 결합시켜(펩티드 결합이라 함) 폴리펩티드(polypeptide)인 단백질을 만들어 낸다. 세포도 무척이나 경제적이라 mRNA 하나가 오면 폴리솜(polysome, 리보솜의 집합체)이 이것을 따라 이동해 동시에 여러 개의 분자에서 같은 종류의 단백질을 만들어 낸다. 30초 안에 500개 이상의 아미노산 결합이 일어난다고 하니 놀라울 뿐이다.

이때 mRNA의 염기 순서를 코돈(codon)이라 하고 tRNA의 것을 앤티코돈(anticodon)이라 한다. 만일에 핵의 DNA의 염기 순서가 TTTCTTGTT였다면 mRNA는 AAAGAACAA가 되고 여기에 맞는 tRNA(하나에 세 개의 염기가 붙어 있어서 이를 triplete codon 이라 하며 64가지의 조합이 생김)는 UUU, CUU, GUU 염기를 갖는다. 결국 20가지의 아미노산 중에서 tRNA가 맡은 페닐알라닌, 류신, 발린 순서대로 가져온다는 것이다.

뭘 안다고 tRNA에 붙은 세 개의 염기들이 고유하고 정해진 아미노산을 찾아서 운반을 할까. 그리고 순서에 따라 분업을 하고 책임까지 지려는 것일까. 이렇게 영리한 세포를 어찌 단순히 내 몸뚱이를 구성하는 작은 단위라고만 보아 넘길 수가 있단 말인가. 그리고 이런 사실을 밝혀내고 있는 저 과학자들은 누구이며 또한 그들은 어떤 삶을 살고 있는 것일까. 허 참,

기가 막혀서……. 기가 막힌다! 철저마침(鐵杵磨針), 쇠공이를 갈아서 바늘을 만드는 사람들이다!

여기에서 만일 핵 유전자가 자외선이나 우주선, 해로운 화학 물질의 영향으로 염기 순서 하나가 바뀌는 돌연변이가 일어났다면(예를 들어, DNA 맨 앞의 T가 G로 바뀜) mRNA의 염기 순서가 CAAGAACAA로 달라진다. 따라서 tRNA가 GUU, CUU, GUU가 되어, 가져오는 아미노산 순서도 발린, 류신, 발린으로 바뀌면서 결국 원래의 단백질이 아닌 다른 종류의 것이 만들어진다. 이것은 암이 되거나 다른 병을 유발하기도 한다.

그러나 핵산은 의외로 안정된 물질이라 여간해서는 변성이 일어나지 않으며, 염기가 손상을 입어도 효소가 수선(치료)한다. 허나 불행하게도 늙으면 이런 수선 작업도 제대로 이루어지지 못하기에 여러 질병이 생기고 결국에는 죽음에 이르게 된다. 한번 태어나면 언젠가는 반드시 죽어야 하는 생자필멸(生子必滅)은 모두에게 주어진 숙명이 아니겠는가. DNA 염기 하나만 까딱 잘못하면 그 세포는 영원히 죽고야 만다. 무섭다!

어쨌거나 요새는 피 한 방울이나 적은 양의 침이나 정액만으로도 그 속의 DNA를 쉽게 알아낸다. DNA를 증폭시키는 PCR(polymerase chain reaction, 중합효소 연쇄반응)이라는 기술로 두 시간 안에 처음 한 개를 100만 배(개)나 복제할 수 있다. 그런데 이 PCR 기술도 하루가 다르게 발전한다.

　얼마 전까지만 해도 중합효소가 열에 약하다는 약점이 있었으나 지금은 그 효소를 열에 강한 세균(thermophilic bacteria)에서 뽑았기에 열에 안전하다고 한다. 게다가 컴퓨터까지 동원하기 때문에 시간과 에너지(돈)가 무척 절약된다고 한다. 말 그대로 누워 떡 먹기가 되었다. 우리나라에도 미국계 회사(IDENTIGENE, 유전자를 확인한다는 뜻)가 들어와 있어서 150달러면 친자 감별 등의 DNA 검사가 가능하다. 세상은 요지경이다. 지금은 경쟁 회사가 늘어 훨씬 적은 돈으로도 가능할 것이다.

　한 개의 세포에서는 무려 500가지의 물질대사가 연쇄적으로 일어난다(한 단계에만 이상이 있어도 세포는 사멸함). 그 과정 하나하나에는 각각 다른 성질의 효소(단백질)가 관여하고, 이 효소는 '1유전자 1효소설'이 말하듯 정해진 유전자가 만들어 낸다. 그 많은 과정 중에서 대표적인 예를 하나 들어 보도록 하자. 마신 술은 간세포의 미토콘드리아에서 복잡한 대사과정이 일어나는데 아세트알데히드를 거쳐 초산이 된 다음에 아세틸 Co-A라는 물질로 바뀐다. 이때 알코올 분해효소인 ADH(Alcohol Dehydrogenase)와 ALDH(Acetaldehyde Dehydrogenase)가 그 두 과정에 순서대로 작용한다.

　그런데 사람에 따라서는 선천적으로 술을 마시지 못하는 사람들이 있다. 이 효소들을 만드는 유전자가 없는 사람으로, 아무리 마셔 보려 해도 안 된다. 유전자는 연습과 노력으로 만들어지는 것이 아니다. 또한 그것이 없으면 효소를 만들지 못한다. 지금까지 핵산과 유전관계를 말했는데 유전물질 DNA는 진화와도 연관된 물질이라는 점도 살펴봐야 한다.

진화의 제일 중요한 것은 역시 돌연변이이다. 여기에는 염색체가 일으키는 커다란 염색체 돌연변이라는 것이 있는가 하면 유전자인 DNA 염기에 이상이 생기는(염기가 없어지거나 더 생기기도 하고 때로는 A-C, G-T 같은 맺을 수 없는 '불행한 짝'을 이루기도 함) 작은 유전자 돌연변이도 있다. 모든 돌연변이는 유전하기 때문에 둘 다 진화를 일으키는 원인이 된다.

친자 확인에 쓰이는 미소부수체

핵산은 무척이나 안정되어서 변성이 잘 일어나지 않는 물질이다. 그래서 진화가 함부로, 재빠르게 일어날 수가 없다. 초파리만 해도 한 대(代)에 약 0.01퍼센트 정도의 돌연변이율을 나타내고 사람도 역시 일대(一代)에 3~4만 개의 유전자 중 고작 한 개 정도의 비율로 일어난다.

DNA는 무척이나 야물고 단단한 놈이라 하겠다. 그러기에 화석 속의 세균이나 4만 년 전의 맘모스, 미라의 손톱에서 핵산을 떼 내어서 DNA의 염기 순서를 거침없이 찾아낼 수가 있다. 한마디로, 어설프게나마 핵산에서 지구의 역사와 개인의 비밀을 캐내는 요상한 세상이 된 것이다.

그리고 요새 사람들이 가장 공포의 대상으로 여기는 암이라는 것도 세포 속의 DNA가 돌연변이를 일으켜 생기는 것이 아닌가. 젊을 때는 발암인자가 암 억제인자에 눌려 맥을 못 추지만 늙으면 이것까지도 말을 듣지 않는다. 일단 DNA 염기에 탈이 생기면 방법이 없다. 결국은 쉼 없이 분열하게 하는 성장촉진물질이 많이 생겨 암세포가 죽지도 않고 미치광이처럼 분열을 계속하면서 혹까지 생겨나 다른 조직을 못 살게 한다.

그런데 30억 개의 염기쌍 중에서 단지 10~15퍼센트만 실제로 유전자 구성에 관여하고 나머지 잡동사니는 염색체의 뼈대가 되기도 하고 다른 유전자를 발현시키거나 억제하는 데 쓰인다고 한다. 그러나 아무도 그 원인을 알지 못하니 세포 안에서 일어나는 일도 우리는 극히 적은 부분만 알고 있을 뿐이다. 하여, 유전자가 정확히 몇 개인지도 모르고 있는 것이다.

헌데, DNA 염기 서열(순서)을 들여다보면 같은 염기 배열 순서가 반복해 나타난다. 예를 들어서 CAAT가 다섯 번이나 반복해 나타날 때 이런 것을 마이크로새터라이트(microsatellite, 미소부수체)라 부른다. 사람에게는 미소부수체가 세균보다 더 많아서 무려 10만 군데나 있다고 하고, 이 순서가 사람마다 다 달라서 범인이나 친자 확인(감별)에 쓰이기에 이르렀다. 이것이 'DNA 지문법'인데 DNA를 겔(gel)에다 펼쳐 보면 꼭 바코드처럼 띠(band)가 나타나는데 그것의 크기나 배열 순서가 같이 나타나면 유전자가 동일하다는 것이다. 그래서 범인이거나 친자식인 것을 알아낼 수 있다. 피나 침, 머리카락의 모근(毛根)에 묻어 있는 세포 몇 개면 분석이 가능하다.

그런데 미소부수체는 진화과정에서 생존에 유리한 쪽으로 작용해 오다 남은 흔적이라 생각된다. 임질균[*Neisseria gonorrhoeae*] 같은 세균은 이렇게 반복되는 유전자(CTCTT)가 특유한 막단백질을 만들어 요도 벽에 척 달라붙고 또 세포를 쉽게 파고든다. 유행성뇌염[*Haemophilus influenzae*]은 반복되는 염기 배열이 CAAT인데 역시 사람의 코나 목 세포에 잘 달라붙어 환경의 변화에 빨리 적응한단다. 그리고 'DNA marker'라고도 부르는 미소부수체를 서로 비교하여서, 인류는 아프리카에서 생겨났고, 10만 년 전에 그곳을 떠나 6만 년 전에 아시아에 도달했고 4만 년 전에 호주 쪽으로 이주했다는 사실을 밝혀냈다. 그만큼 이것의 쓰임새가 많다는 것을 말하고 있다.

아이보리 해안에 있는 타이 숲에 살고 있는 침팬지 연구도 흥미를 끈다. 암수 한 쌍이 새끼 13마리를 키우고 있는데 이것들의 털뿌리세포에서 미소부수체를 분석하여 친자(親子) 감별을 해 보니 일곱 마리는 지아비의 자식이 아니더란다. 암놈이 아비 몰래 우리를 빠져나가서 다른 씨를 받았다는 것이다. 이것은 유전적인 다양성이라는 입장에서 보면 침팬지의 생존에 유리한 일이다. 새끼들이 여러 가지 유전자를 가졌으니 한 아비의 것을 고스란히 이어받는 것보다 병에 강한 놈, 힘이 센 놈 등이 나올 수 있어 여러 방향에서 종족 보존에 이익이 된다는 것. 이것은 절대로 인간의 윤리라는 잣대로 봐서는 안 된다. 생물 세계의 특성이며 실제로 침팬지나 여러 동물들의 수가 줄어들어 암컷이 여러 수컷을 만날 수 있는 기회가 한정되면서 우생학적으로 불리해지고 있다고 한다.

끝으로 버나드 쇼(George Bernard Shaw)가 한 이야기를 통해, DNA가 유전물질이지만 생각만큼 명명백백하게 다 알려진 것이 아니고, 너무나 복잡한, 우리가 모르는 다양성과 가변성을 가지고 있음을 강조해 두고자 한다. 또 앞으로 무궁무진한 세계가 알려질 것임을 예견하면서. 한 미모의 배우가 쇼에게 "나의 이 아름다움과 당신의 그 명석한 두뇌가 합쳐진 이상적인 아이를 낳을 수 없을까요."라고 편지를 보냈는데 쇼의 답은 이러하였다. "그 아이가 외모는 이 못난 나를, 머리는 형편없는 당신을 닮으면 어찌하겠소." 실제로 그럴 수도 있는 것이니 쇼의 대답이 응당 옳았다. 유전자인 핵산의 요술은 우리가 짐작할 수 없으니 말이다. 핵산 그 자체의 몇 만 분의 일도 못다 쓰고 여기서 끝을 맺고 만다. 기연미연(其然未然), 긴가민가, 뭐가 뭔지, 그러한지 그렇지 않은지, DNA라는 것이 무엇인지 잘 모르겠다!?

DNA에도 '오른손잡이'가 많다

　"비행기를 탈 때 왜 기체 왼쪽 문을 통하도록 돼 있을까. 선박이 항구로 들어오면 왜 좌현 접안(왼쪽으로 달라붙인다)을 하는 것일까. 대부분의 사람들은 어째서 왼쪽 손목에 시계를 차며 결혼반지는 왼손의 약지에 낄까. 육상경기가 벌어지는 트랙은 왜 왼쪽에서 오른쪽으로 달리게 되어 있지 않을까. 엄마가 아기를 안을 때도 왜 왼쪽 가슴을 찾게 될까. 훈장을 다는 곳도 왼쪽 가슴이지 않은가.

　이러한 질문에 대한 답변을 종합해 보자. 선박은 기원전부터 방향타의 위치와 그 구조상 항구에서 사람이나 화물을 내리기 쉬운 좌현 접안을 시도했고, 비행기도 하늘의 항구(air-port)로 불리는 공항에서 선박의 룰을 이어받아 기체의 왼쪽 탑승을 관례로 해 왔다. 손목시계의 왼손 착용은 상대적으로 사용 빈도가 적은 왼손이 정밀 기계의 충격을 줄이는 데 안성맞춤이고 자주 쓰는 오른손 놀림에 비해 덜 불편하기 때문. 왼손 반지는 왼손 심장에 가까워서, 왼쪽 방향의 육상 트랙은 선수들의 왼쪽 심장과 왼쪽 발에 몸의 중심이 쏠리기 때문에, 아기를 왼쪽 가슴에 껴안는 것은 엄마 심장의 고동이 들리기 때문이라는 설이 유력하다. 왼쪽 훈장 패용 이유에 대해서는 역시 왼쪽 심장 연관설과 민족을 불문하고 오른손잡이가 많기 때문이라는 속설이 있다.

그런데 왜 왼쪽을 가리키는 '좌(左)'라는 단어에 우둔하다든가, 또는 열등의 이미지가 담겨 있을까. 공무원을 포함한 샐러리맨들에게 좌천(左遷)만큼 상처를 주는 일은 없다. 고대 중국의 한 시기에 회의 자리 순서가 오른쪽에서 왼쪽으로 결정된 적이 있었는데 말단 직급이 왼쪽에 앉게 되었다는 연유로 좌천이라는 말이 생겨났단다. 하지만 시간이 지나면서 다시 왼쪽 서열이 높아져 좌의정 또는 좌대신 등이 '우'보다 훨씬 높은 지위에 서게 됐다.

그러나 아직도 왼손잡이에 대한 편견과 사회생활에 대한 불편들이 제기되면서 동호회의 모임도 늘어나고 있다. 인터넷 쇼핑몰도 왼손잡이만을 위한 생활용품을 따로 판다. 국내 왼손잡이들은 약 200만 명. 성인의 5퍼센트, 어린이의 17퍼센트 정도이다. 일본에서는 관계자들이 2월 10일을 '왼손잡이의 날'로 제정하고 그 주 내내 다채로운 행사를 벌였다. 왼손잡이들에게 스트레스를 극복하고 성공에 대한 동기감을 불어넣어 주려는 의도였다. 미국에서 창립된 국제왼손잡이협회에서는 '나는 왼손잡이를 사랑해'라는 플랜카드도 내걸고 있다.

위 글은 <중앙일보>(2002. 2. 16) 최철주 논설위원이 「분수대」란에 쓴 것이다. 세상에는 알다가도 모를 일이 많다지만 사람도 오른손잡이와 왼손잡이가 있고, 식물의 덩굴도 감아 올라가는 방향이 다르다. 창자도 보통사람과는 반대로 좌우가 뒤바뀐 내장역위(內臟逆位)가 있고, 바닥이 두려빠진 곳이나 목욕탕 욕조물의 소용돌이를 봐도 남반부는 오른쪽, 북반부에서는 왼쪽으로 뱅그르르 돌아 빨려 내린다.

천대받는 왼손잡이

여기서는 생물과 방향의 관계를 몇 가지만 보도록 한다. 앞에서 언급했듯이 어째서 사람들이 어느 한쪽 팔을 다른쪽보다(다리는 관계가 없다고 함) 더 많이 쓰는 것일까. 물론 개중에는 양쪽을 다 잘 쓰는 '양손잡이'도 있다. 그런데 세계적인 통계를 보면 나라마다 조금씩 다르지만, 보통 왼손잡이가 5~30퍼센트라고 한다. 우리나라는 남자의 10퍼센트, 여자의 8퍼센트가 왼손잡이라는 통계자료가 있다. 그런데 이렇게 남녀에 차이가 나는 것은 또 뭣 때문이람?

여기에서 논하고 넘어가야 할 것이 있다. 우리 몸의 오른쪽은 좌뇌(左腦)가, 왼쪽은 우뇌(右腦)가 지배하고 있는데, 어찌된 영문인지 손잡이와 뇌는 무관하다는 것이다. 즉 오른손잡이라고 해서 왼쪽 뇌가 발달한 것은 아니라는 것. 우스갯소리가 아니라, 만일에 그랬다면 남자는 거의 모두가 오른손잡이, 여자는 왼손잡이가 될 뻔했다. 남자는 좌뇌, 여자는 우뇌가 발달했다고들 하니 말이다.

아무튼 손의 쓰임새가 다른 것은 유전성에 기인하지만 멘델 법칙을 따르는 것은 아니라고 한다. 그런데 동서고금을 막론하고 사회성과 문화라는 것이 다수(多數) 쪽으로 기울어지니, 가정이나 학교에서도 오른손을 쓰도록 권장하게 되었고 그러다 보니 원래는 '왼손'이지만 실제로는 '오른손'을 사용하는 후천성 오른손잡이도 많다. 우리는 왼손은 천한 것이고 오른손은 귀한 것이라고 생각하는 좌천우존(左賤右尊) 사상이 깊게 뿌리 내리고 있는 것이 그 원인이다. 왜 이슬람 계율과 비슷한 것일까.

옛 분들은 소피를 보고도 왼손으로 바짓가랑이를 올렸다고 하여 지금도 술잔을 왼손으로 윗사람에게 권하는 것은 결례로 본다. 헌데, 자기 몸에서는 이렇지만 앉거나 서는 자리라는 입장에서 보면 좌의정이 우의정보다 높은 것으로 치고 '좌청룡 우백호'도 그런 정신이 배어 있다.

그런데 아주 재미나는 일을 제자들을 통해서 발견했다. 왼손을 쓰는 사람이 길들여져서 아무리 오른손잡이 행세를 한다고 해도 막상 아주 다급하다거나 바싹 긴장하여 신경을 써야 하는 일이 생기면 자기도 모르게 왼손을 쓰더라는 것이다. 악화가 양화를 쫓아낸다는 그레셤(Gresham) 법칙이 있다. 선천성이 후천성을 구축(驅逐)한다!

그런데 생각이란 비슷한지, 왼손잡이를 뜻하는 영어 'left-handed'에도 어정쩡하다거나 신분이 낮다는 의미가 있고, 아주 옛날에는 불길하다는 뜻이 있었다고 한다. 모든 것이 '다수의 횡포'가 아니겠는가.

외눈박이 세상에 양눈박이가 나타났다면 얼마나 놀림을 받을까. 특별히 서양에서는 왼손잡이는 덩치가 작고, 성 기능이 떨어지고 수명이 짧다 하여 얕보고 괄시했다고 한다. 아무튼 그 옛날에는 동서양이 모두 왼손잡이를 한마디로 병신 취급을 했던 것은 사실이다.

동서양의 방향성

이쯤에서 번뜩! 스치는 의문 하나가 있다. 영장류인 원숭이, 고릴라, 침팬지 등에서도 사람과 유사한 '손잡이' 현상이 있을까 하는 것이다. 학자들이 관심을 가지고 주의 깊게 관찰해 봤으나 그런 징조는 발견하지 못했다고 한다. 그러나 필자는 그렇게 생각하지 않는다. 왜냐하면, 사람 외의 다른 동식물에서도 좌우라는 방향성이 발견되기 때문이다. 곰도 왼(앞)발차기로 먹잇감을 때려눕힌다고 하던가.

필자가 전공하는 고둥무리인 복족류(腹足類 : 달팽이, 다슬기,

소라 등)를 보면 거의 대부분 껍질이 오른쪽으로 감기는 우권(右券)이지만 민물산인 왼돌이물달팽이, 바다에 사는 왼돌이언청이, 땅에 사는 왼돌이배꼽털달팽이 등 몇 종은 좌권(左券)이다. 묘하지 않은가. 식물에서도 나팔꽃을 포함해 거의 대부분이 덩굴을 오른쪽으로 감고 올라가는데 등나무, 작두콩, 칡 등의 콩과식물 대부분과 인동덩굴, 한산덩굴 등 몇 종은 왼쪽으로 감고 올라간다.

세상은 '오른쪽 차지'인지 원자는 물론이고 분자의 구조를 봐도 오른쪽으로 감겨 있고, 핵산 DNA도 97퍼센트가 오른쪽으로 감긴다. 3퍼센트만 왼쪽 감기를 한다. 이중나선구조 말이다. 꽈배기 감기를 오른쪽으로 하는 것이 대부분이란 말이다. 왜 그러냐고 물으면 할 말이 없다. 말해서 'God knows'다. 더 보자.

단세포동물인 짚신벌레의 운동을 자세히 보면, 자전(自轉)을 하면서 크게는 축을 중심으로 오른쪽으로 휘감듯이 이동한다. 문제는 왜 생물들에게 이런 방향성이 있는지 모른다는 것이다. 그런데 이것도 자세히 들여다보면 동서양과 남북반구에 따라서 조금씩 다르다. 식물의 덩굴만 봐도 남반부의 것은 왼쪽으로 감고 올라가는 비율이 북쪽보다 훨씬 높다고 한다.

동서양 방향(순서)의 차이점 몇 가지만 더 보도록 하자. 서양 사람들은 비가 오는지 확인하려고 손등을 내뻗고(우리는 손바닥을 폄), 말을 앞에서 끈다(우리는 소를 뒤에서 몲). 또한 정원은 뒤에 있고(우리는 앞에), 톱질을 할 때 밀면서 힘을 주고(우리는 당기면서), 수를 헤아릴 때는 새끼손가락부터 하나둘을 시작한다(우리는 엄지손가락부터 시작). 거스름돈을 줄 때 잔돈부터 지불하고(우리는 큰돈), 화장실에서 생리현상도 달라 소변을 먼저 보고 대변을 뒤에 본다고 한다(우리는?).

어디 차이가 이것뿐일까마는, 우리와 차이가 나는 건 사실이다. 따라서 우리의 유전자와 걸맞지 않는 그들의 문화를 여과 없이 받아들여서는 안 된다. 여담이지만, 서양 톱칼(포크)로 고기 살점을 자를 때는 서양 톱처럼 밀면서 썰어야 잘 잘린다. 한번 주의 깊게 관찰해 보시라. 마구잡이로 밀었다 당겼다 하면서 자르는 모습이 어쩐지 설게 느껴지더라니. 문화에도 방향이 서려 있더라!

그런 까닭에 "십 리만 떨어져도 물과 바람이 다르다."라는 옛 어른들의 '신토불이(身土不二)' 사상을 과소평가하지 말아야 할 것이다. 학문도 마찬가지라서 우리 학문의 정통성(주체성이라 해도 좋음)을 손상시키지 말고 '학토불이(學土不二)' 사상을 이어 나가야 한다. 토종으로 남겠다? 서남북이라는 '방향'과 '거리'가 문제를 야기시키고 있기에 그렇다. 표현이 좀 매몰차 보이고 거칠게 느껴지지만, 서양 것을 맹목적으로 받아들이는 것은 '항문으로 밥 먹는' 꼴이 된다는 것이지.

대칭의 효율성, 비대칭의 유용성

삽상한 해풍을 받으며 유유자적 살아가는 바다 물고기 넙치와 도다리, 가자미 이야기에서는 독자들이 새로운 느낌을 받을 것이다. 작은 시작(차이)이 얼마나 커다란 끝맺음(결과)을 가져오는지 느끼게 된다. 둘 다 가자밋과에 드는 한통속 물고기이다. 이것들은 유전적으로는 거의 같아서, 수정란이 똑같이 발생(난할)을 해 가다가 어느 시기에 이르면 눈 깜짝할 사이에 비틀림이 일어나 눈(眼)을 결정하는 유전자의 자리가 달라지고 만다. 물론 이것이 유전적인 차이이다.

그 결과 고만고만한 잔챙이 때부터 넙치(광어)는 새끼 눈이 몸 왼쪽에 달라붙고 도다리, 가자미는 반대로 오른쪽에 모이게 된다('좌광우도'란 말을 음미해 보시라!). 눈이 붙은 방향만 빼면 생리적으로 하나도 차이가 없어서 보통 사람들은 이 두 고기를 똑떨어지게 구분하지 못한다. 횟집에서 가자미를 넙치회라 해도(넙치가 비싸다는 뜻임) 아는 사람이 몇 안 된다는 말인데, 눈 하나 붙는 자리에 따라서 이렇게 고기의 종(種)이 달라지고 만다. 그러니 보잘것없어 보이는 작은 문화라 해도 잘 골라 지키는 것이 옳다. 옳고 말고다. 이것들은 보통 좌우로 눌린 모양을 하는 물고기와는 달리 아래위(상하)로 바짝 눌린 꼴이다. 때문에 두 눈을 위로 하고 바닥에 나부죽이 엎드려 휘젓고 다닌다.

그런데 어찌하여 동물이나 식물이 하나같이 거지반 좌우대
칭을 이루고 있는 것일까. 아메바 무리(대칭축이 없음)와 같은
원생동물, 불가사리나 해삼 무리(방사대칭임)를 제외하고는 모
든 동물이 그렇고, 식물의 이파리 등도 좌우가 대칭이 아닌가.
그 원인을 알 수가 없으나(생물계의 꿍꿍이속을 모름) 수정란이
상실기(桑實期), 포배기(胞胚期), 낭배기(囊胚期)를 거치면서 배
는 완전한 대칭을 이룬다. 이는 상하(등과 배), 좌우로 쉽게 나
뉘는 효율성 때문일 것으로 추정된다. 수정란이 반으로 갈라
지는 것도 이미 '대칭성'을 가지고 있으니 말이다.

이 대칭의 미(美)와 효율성, 경제성이란 것은 어떤 이론을 떠
나서 사람 몸의 구조뿐만 아니라 아파트나 건물의 모양에서도
쉽게 찾아볼 수 있다. 특히 모든 아파트를 왜 그렇게 옆집과
정대칭으로 짓는지 곰곰이 생각해 보시라, 품삯을 줄이는 효
율성에 초점을 두고서. 그런데 사람(동물)의 내장은 비대칭이
라는 점을 간과하지 말아야 한다. 생물계의 비밀이 여기에 숨
어 있다.

헌데, 대칭이라고 해도 아주 완전한 대칭이란 없어서 사람의
팔다리의 길이가 다 다르고 눈이나 귀의 크기도 다르며, 고환
도 크기와 위치가 달라서 맞부딪뜨림에 따른 충격(다침)을 줄
인다. 대칭의 효율성에 반하는 비대칭의 유용성이다.

사람의 손잡이에서 시작하여 건물 이야기까지 달려왔으니

약간 비약된 듯싶다. 그러나 거기에 '생물의 방향성' 문제가 들어 있다는 공통점을 발견할 것이다. 생물의 구성이나 구조, 기능을 눈여겨보면 이렇게 재미나는 일을 발견하게 된다. 세상을 어린이의 눈과 그들의 호기심으로 보면 재미나는 일이 솔솔 벌어진다. 그러니 "누구나 느낄 수가 있지만 아무나 느끼는 것은 아니다."라는 말은 음미해 볼 가치가 있다.

비대칭인 내장

동물이나 사람이 겉은 대칭이지만 속은 비대칭이라는 것을 앞에서 암시적으로만 언급하고 넘어와 버렸는데 다시 생각해 보면 꽤 끌리는 대목이다. 좌우라는 방향을 보면, '겉이 같고 속 다른 것'이 모든 척추동물의 특징이다. 결론의 하나는(소상히 설명하기는 어렵지만) 그런 구조가 살아남기에 적합하기 때문에 그렇게 적응하여 왔다는 것이다. 사람의 내장도 비대칭이라서 심장은 왼쪽으로 치우쳐 있고 간은 오른쪽에 있으며 이자나 지라는 왼쪽에, 결장은 시계 방향으로 감겨 있다. 양쪽에 다 있는 허파도 오른쪽 것은 3엽(三葉)이고 왼쪽의 것은 2엽(二葉)으로 역시 비대칭이다. 겉은 대칭, 속은 비대칭으로 엇갈려야 생존에 유리하다?

그런데 이따금 내장역위(內臟逆位)인 사람이 있는데 2만 5,000여 명 중에서 한 사람 꼴로 출현한다고 한다. 정상인 사람과 내장이 정반대로 놓여 있으나 내장 활동에는 아무런 이상이 없다. 필자의 제자 중에도 이런 이들이 있다. 전쟁 중에 야전병원에서 일어나는 일로, 맹장염임을 알고 오른쪽 아랫배를 열었으나 충수(막창자꼬리)가 없어서 덮어 버리고 재빨리 반대쪽을 째는 일이 있다고 한다.

이런 사람은 그래도 재수가 좋은 사람이다. 우리가 모르는 기형인 사람이 수없이 많으니 말이다. 심장이나 폐가 있을 자리에 있지 않으면 죽는데, 더 괴이한 일은 한쪽에 두 개의 기관이 생기거나 숫제 없어지는 경우도 있다는 것이다. 엎친 데 덮친다고 하던가. 원래는 왼쪽에 하나 있어야 할 자리가 어느 한쪽에 두 개가 생기거나 숫제 없다. 세상에는 별 희한한 사람이 쌔고 쌨으니, 어찌 보면 오장육부(五臟六腑)가 제자리에 박혀 있어 '배냇병신'이 아닌 것만도 다행이라는 생각이 든다. '오장이 바뀐 놈'이 안 된 것이 얼마나 다행한가.

그런데 내장이 비대칭인 이유를 알아내기 위해서 수십 년간 여러 학자들이 '폭포같이' 외곬으로 그 연구만 해 오고 있지만 아직도 큰 단서 하나 제대로 잡지 못하고 있는 실정이다. 덜컥 범접(犯接)키가 어렵다는 말이다. 지금까지 밝혀진 것만 소개하자면 주로 닭이나 올챙이의 심장 발생과정을 추적하여 얻은 결과인데, 심장도 초기 발생에서는 좌우대칭을 했으나 어느 단계에 도달하면 그때까지 대칭이던 심장관(心臟管)이 갑자기

오른쪽으로 굽어 쏠리기 시작하는데 이때가 아주 중요한 시기라고 한다. 한마디로 오른쪽, 왼쪽을 결정하는 역할은 단백질이 한다는 것인데, 겨우 이 단백질(유전자가 결정한다)을 찾는 데까지 연구가 진행되었다고 한다.

방향을 결정하는 데 가장 먼저 작용하는 단백질은 소닉 헤지호그(sonic hedgehog)라는 것으로, 이것이 왼쪽에 있으면 심장이 오른쪽으로 굽어지고 오른쪽에 있으면 왼쪽으로 굽는다고 한다. 오른쪽에서만 분비하는 단백질에는 activin βB, growth factor-8 등이 있고 왼쪽에서만 형성되는 것은 nodal과 lefty가 있다는데, 이 이름을 외울 필요는 없다. 이런 것이 있다는 것을 알리려고 써 보았다.

아무튼 이들 단백질이 정확한 장소에서, 일정한 시간에 형성되고 분비되어야만 기관이 정상적으로 발생된다. 심장 하나 제대로 생겨 제자리에 박히는 일도 그리 쉬운 일이 아니라는 것이다. 사람의 심장이 좌측으로 방향을 잡고, 대장의 일부인 결장이 시계 방향으로 돌고, 올챙이 내장이 시계 반대 방향으로 꼬이는 데 비타민 A가 관여하며, 또는 이렇게 된 이유는 어린 배세포의 밖에 붙어 있는 섬모의 운동(시계 반대방향) 때문이라는 연구 결과도 있다. 아무튼 어정잡이 과학자들이 하는 짓이지만 흠칫 놀랄 만한 신묘(神妙)한 일이 하나둘이 아니다. 과학자를 지체 높은 귀족으로 여기는 서양 풍토를 좀 닮아 보는 것은 어떨지.

끝에 와서 어려운 이야기를 늘어놨는데, 일란성쌍생아나 내장이 비정상으로 붙어 있는 샴 쌍생아가 연구 대상이 되고 있다. 이 중에는 머리는 둘이고 몸은 하나인 이두일체(二頭一體)도 있다. 한 몸에 두 영혼을 담고 있다니! 정말로 육신 하나 제대로 붙어 있고 바보 천치가 안 된 것만도 하늘 끝까지 감사해야 한다.

어찌하랴, 마음이 가난한 자는 아무리 돈이 많아도 언제나 거지요, 만족하지 않는 자는 언제나 불행한 것. 그래서 "만족을 알면 그 이상 없다."는 '지족최상(知足最上)'을 마음기둥으로 삼고 살아가는 필자는 마냥, 행복할 뿐이다. 온갖 신산(辛酸)의 맛을 다 보고 살았기에 현금(現今)의 삶이 달기만 하다! 사람의 본 마음, 심지(心地)에도 '방향성'이 있다는 말일 것이다. 바르게 살아라! 비뚤어진 절뚝발이 마음을 갖지 않으리라.

물림되는 미토콘드리아

    사람은 어이하여 쉼 없이 숨을 쉬어야 하고, 태어나 죽을 때까지 삼시 세끼를 거르지 않고 먹어야 하는 것일까. 저 푸른 풀과 나무처럼 이파리, 가지를 활짝 펴서 태양에너지 받아, 먹이 걱정 안 하고 살 수는 없을까. 그랬다면 목구멍에 풀칠하는 호구지책 걱정 없어 아귀다툼 같은 건 없이 살아가련만. 여기에서 숨을 쉰다는 것은 곧 산소를 세포에 전하는 것이고, 음식을 먹는다는 것 역시 영양소를 세포에 보내기 위함이다. 산소나 영양분이 피를 타고 100조 개의 세포로 가서 어떤 과정을 밟아 어떻게 바뀌어 무엇이 된단 말인가.

    그런데 이런 세포호흡은 살아 있는 모든 생물에게서 일어나는 것으로 이때 나오는 에너지를 얻지 않고는 생물은 살 수가 없다.

미토콘드리아의 특징

일단 양분과 산소는 미토콘드리아라는 세포소기관에 도달하면 거기에서 영양분이 산화(분해)된다. 그러면서 에너지와 열과 이산화탄소를 발생시킨다. 산화에는 두 가지가 있으니, 하나는 재빠른 산화인 불이 타는 연소이고, 다른 하나는 효소라는 물질이 관여하는 아주 느린 산화, 즉 세포호흡이다. 둘 다 산화하여 열과 에너지를 낸다는 것은 같다. 아무튼 우리는 이 에너지로 여러 가지 활동을 하고 또 그때 나오는 열을 사용해 일정하게 체온을 유지하는 것이 아닌가.

산소가 없으면 먹을거리를 산화시키지 못하기에 힘을 쓰지 못한다. 때문에 미토콘드리아는 세포에서 열을 내는 '난로'요, 에너지를 내는 '발전소'이고, 양분과 산소는 삶의 정수, 곧 에센스(essence)이다. 한마디로 생명력을 유지시켜 주는 핵심이 바로 이 미토콘드리아이다. 그런데 미토콘드리아에서 일어나는 호흡과정이 엽록체의 광합성 과정만큼이나 복잡다단하다. 세상에 쉬운 것이 없고, 녹록하게 볼 것 또한 하나도 없다.

영양소 중에서 비타민, 물, 무기염류는 에너지가 들어 있지 않으며 오직 삼대영양소(탄수화물, 지방, 단백질)만이 에너지를 낸다. 이 에너지는 과연 어디에서 얻은 것일까. 알다시피 녹색 식물의 엽록체에서 잎의 기공으로 들어온 이산화탄소와 뿌리가 빨아들인 여러 양분을 재료로 태양에너지를 받아서 만들어진 것이다.

미토콘드리아는 '작은 알갱이'란 듯으로 길이가 1마이크로미터 정도로 둥글고 길쭉한 소시지나 원반 모양을 하고 있다. 거듭 말하지만 이것은 처음부터 세포 속에 같이 있었던 것이 아니다. 전인미답(前人未踏)의 시절, 약 15억 년 전에 독립해서 살던 원핵 호기성세균이 숙주인 진핵세포에 끼어들어 와 함께 살게 되었으니 이제는 둘 다 빼도 박도 못하게 되어 버렸다.

그런데 실제로 이 미토콘드리아도 엽록체처럼 세균의 특성을 많이 가지고 있다. 사람의 세포만 해도 핵에는 핵 DNA(nuclear DNA, nDNA)가, 미토콘드리아에는 미토콘드리아 DNA(mitochondrial DNA, mtDNA)가 있어서 숙주세포의 분열에 관계없이 필요에 따라 그 수를 늘려 나간다. 그런데 재미나는 일이 있다. 운동을 하면 그 영향이 세포에까지 미친다는 것이다. 운동을 열심히 하면 그 수가 다섯 배 내지 열 배까지도 증가한다니 운동의 의미를 이 미토콘드리아에서 찾아도 좋겠다. 운동을 하면 '세포의 난로' 즉 '세포의 발전소'가 늘어 가니 먹은 것이 술술 잘 산화되어 열과 에너지가 슬슬 잘도 빠져나온다! 근력이 생기고 폐활량이 늘고 하는 것이 운동의 상식적인 의미가 아니었던가.

그리고 mtDNA는 nDNA량의 0.5퍼센트밖에 되지 않는다. 그렇지만 1만 6,500개의 염기로 구성되어 있으며 37개의 유전자를 가지고 있는데(엽록체는 더 많아서 120개의 유전자를 가짐) 13 개는 일부 구성물이나 효소가 되는 단백질을 만들고 나머지 22개는 22가지 형의 운반 RNA(transferRNA, tRNA)를, 나머지 두 개는 리보솜 RNA(ribosomal RNA, rRNA)를 만드는 데 관여한다. 미토콘드리아 속에도 단백질 합성 공장인 리보솜이 있어 거기서 단백질 합성이 일어난다고 하니 세포 속의 작은 '독립국'을 이루고 있다 하겠다. 미토콘드리아는 원래는 완전 독립체였으나 늙은 시어머니가 곳간 열쇠를 며느리한테 넘겨 주듯 핵에 많은 기능을 이양해 버려 '속국' 상태가 되어, 필요한 단백질이나 효소를 거의 핵에 의존한다고 한다.

그러면 구체적으로 미토콘드리아의 세균적 특성을 보자. 즉, 다음 예들이 미토콘드리아는 세균이 바뀌어 생긴 것이라는 단서를 제공한다. 어디 보자. 첫째, 핵의 DNA는 길쭉하고 선상(linear)인데 반해 미토콘드리아의 DNA는 세균의 것처럼 한 개의 고리모양을 하고 있다. 둘째, 그것을 분리하여 시험관에 넣어 두면 상당 기간 동안 DNA, RNA와 단백질을 합성한다.

셋째, 테트라사이클린(tetracycline)과 같은 세균에 치명적인 항생제를 처리하면 미토콘드리아나 엽록체는 해를 입으나 세포질에는 영향을 주지 못한다. 넷째, 분열과정을 보면 세균과 똑같이 밖에서 안으로 잘려 들어간다. 다섯째, 앞에서도 언급하였지만 숙주세포는 분열하지 않는 간기인데도 이것들은 분열을 수행한다. 여섯째, 단백질 합성 부위인 리보솜의 구성이 세균인 대장균의 것과 꼭 닮아 있다. 어쨌거나 미토콘드리아와 엽록체의 이런 여러 가지 특징들로 미루어 세포의 변화(진화) 과정에서 이것들이 새로이 생겨난 것이라고 추정, 이를 정설로 받아들이고 있다. 아무리 마음에 들지 않고, 흰소리로 들려도, 학자들이 "배나무에 사과가 열린다."라는 허망한 궤변을 늘어놔도 우리야 할 말이 없지 않은가. 그들의 주장을 맹목적이고 절대적으로 믿지 않을 수가 없다. 알아야 면장을 한다는데 우리가 뭘 알아야지. 아무튼 간단히 말하면 모든 동식물 세포에 있는 미토콘드리아는 세균이 세포에 들어앉아서 된 것이라는 말이다. 학자들은 창조주가 숨겨 둔 보물 하나를 찾아낸 듯 흥분하지만 우리는 어쩐지 씁쓸하고 을씨년스런 마음이 든다. 무지한 탓이리라.

모계성유전

그런데 사람에서부터 소나무까지 양성생식을 하는 생물들은 미토콘드리아나 엽록체를 모계에서 받는다. 식물에서도 꽃가루에 들어 있는 엽록체나 미토콘드리아는 씨앗을 만드는 데 전혀 관여하지 못한다. 오직 암술의 배낭 몫이다. 앞서 말했다시피 '세포질유전'을 하는데 핵 속의 유전자가 아닌 세포질에 들어 있는 물질이 유전을 결정한다. 자식 만들기에서 수컷들은 들러리이다. 어쨌거나 핵의 염색체만이 유전에 관여하는 것이 아니라 세포질도 한몫 한다는 것을 알아 두자. '피톨에 묻어 둔 유전자'라고 하듯 내림물질인 유전질은 무서운 것이다. 자식이 아비를 닮고, 그 아비를 그 자식이 빼닮으니 말이다.

사람에서 그 예를 더 보도록 하자. 사람의 정자는 150개의 미토콘드리아를 가지고 있으나 수정한 후에 난자는 그것을 군식구, 이물질로 생각하여 모두 파괴해 버린다고 한다(지금까지는 희석되어서 기능을 잃는 것으로 앎). 결국 난자에 들어 있는 30만 개가 넘는 미토콘드리아, 즉 엄마의 것만이 자식의 세포에 들어가게 되는 것이다. 거슬러 올라가 보면, 내가 받은 것은 어머니에게서, 그리고 어머니는 외조모에게서 물려받은 것이다. 미토콘드리아는 외탁한다! 어디 미토콘드리아뿐이겠는가. 세포막은 누구에게서, 또 세포소기관을 품고 있는 세포질은 누구에서 물려받았단 말인가. 역시 외탁이다!

난자는 정상세포로, 난핵 외에도 세포 내용물을 모두 가지고 있지만 정자는 세포질을 죄다 잃어버리고(꼬리 만드는 데 힘을 다 쏟음) 정핵과 꼬리만 남는다. 그러니 세포막도 세포질도 모계성유전을 한다. 수정 이야기만 나오면 어쩐지 아버지는 헛개비가 되고 만다. 자식 놓고 아비는 큰소리치지 말 것이다. 엄마에게 모두 맡겨 버려라. 치사하고 다랍다 여기지 말고.

자식은 내 것이라 착각한 것이 무지(無知)에서 나왔다는 것

을 절감해 볼 것이다. 목에서 힘을 빼시라. 여기 미토콘드리아
에서 순진무구(純眞無垢)하고 지고지순(至高至純)한 모정(母情)
의 의미를 찾아 봐도 좋을 것이다. 미토콘드리아에 어머니의
사랑이 농축되어 감추어져 있다! 품 안에 포실하게 보듬어 주
시던 어머니를 아른하게 떠올리게 하는 미토콘드리아여!

다음 글은 <조선일보>에 실린 이구태의 글(「외할머니」)이다.

외할머니와 동거하는 어린이의 사망률이 그렇지 않은 어린이에 비
해 절반이나 낮았다는 보도를 접하고 보니 어릴 적에 배 아프면 외할
머니 불러 배를 문지르고, 심하게 앓으면 외할머니에게 맡겨졌던 일
이 생각난다. 엄마 손은 약손, 엄마 입김은 약김이라 하지만, 가난했
던 삼남(三南) 산간 지방인지라 엄마가 바빠 외할머니 손을 빌리는
줄 알았는데 반드시 그런 이유만은 아님을 시사하는 외할머니의 힘
이다. 엄마 손보다 외할머니 손이 약손인 까닭은 무엇일까. 손으로 환
부를 어루만지면 플라시보 효과라 하여 의사치유 효과를 내기도 하
고 손에서 발산되는 동물 자기(磁氣)의 작용으로 낫게 한다고도 한다.

그 무엇보다 설득력을 갖는 것은, 아기들이 정신적 · 육체적으로
가장 안정되고 편안함을 갖는 상태는 어머니와 체온이 같게 유지될
때로, 심신의 불안 · 부조(不調)를 바르게 하는 등온(等溫) 효과를 내
기 위해 손으로 배를 문지르고 호호 입김을 분다는 것이다. 아기들이
태어나자마자 우는 것을 두고 셰익스피어는 바보들만 사는 세상에

강제로 떠밀려 나온 것이 억울해 운다고 했지만, 자궁 속에서 유지돼 왔던 엄마와의 등온에서 이탈되기 때문에 우는 것이다. 그 어머니의 체온에 가장 가까운 것이 어머니의 어머니요, 따라서 아이가 아프면 거부반응이 극소화된 등온 유지 대상인 외할머니가 있는 외갓집에 맡겼을 것이다.

만나면 아무 말 하지 않고 숨만 쉬고 있어도 편안한 사이를 허물없다고 한다. 허물이 없다는 것은 예의·격식·도덕·규범이나 장유·남여·반상·빈부 그리고 이해가 개재하지 않은 원초적으로 가장 편안한 사이이다. 그런 사람과 더불어 있으면 허물 때문에 생기는 긴장·스트레스 등 심신의 부조(不調)에서 해방된다. 가장 허물없는 사이가 어머니와의 사이요, 그래서 잘잘못 가리지 않고 감싼다 하여 포용원리라 하고, 아버지는 잘잘못을 맺고 자르며 거리를 둔다 하여 단절원리라 한다. 위기가 닥쳤을 때 아버지를 부르지 않고 어머니를 부르는 이유가 바로 허물없는 거리의 차이에서 비롯된 것이다. 하지만 어머니에게도 버릇을 잡는 단절 원리가 자주 적용되다 보니 더 허물이 없는 차선적 사이로 외할머니가 뜰 수밖에 없다. 단절은 없고 포용만 있는 외할머니와 더불어 있으면 누구보다 심신이 편하기에 병에 잘 걸리지 않고 걸려도 잘 낫기에 사망률도 반감했을 것이다.

그게 다 미토콘드리아를 포함하는 유전질의 작용임을 덧붙여 강조해 둔다.

위대한 미토콘드리아

본론으로 돌아와 난자에 이렇게 많은 미토콘드리아가 내재되어 있는데도 별난 의미가 있다고 본다. 활동성이 아주 높은 사람의 간세포 하나에 들어 있는 자잘한 그것 2,000~3,000여 개와 비교해 봐도 꽤나 많다. 그렇다면 운동과 미토콘드리아가 밀접한 관계가 있다는 뜻이 아닌가. 그렇다. 우리 몸에서 나오는 힘(에너지)과 열은 모두 이 미토콘드리아에서 만들어진다. 힘이 많이 드는 운동을 열심히 하면 미토콘드리아가 증가하는 것은 당연한 현상이다. 그리고 그 수는 생물에 따라, 또 조직에 따라 다르다. 밀에는 40여 개의 엽록체가, 개구리의 세포 하나에는 미토콘드리아가 100만 개나 들어 있다고 한다. 중구난방이란 말이 여기에 딱 들어맞는다.

그런데 미토콘드리아는 한번 만들어지면 영원히 존재하는 것이 아니다. 예로 간세포의 것은 후딱 열흘을 살고 죽어 나간다고 하니 꽤나 단명한 축에 든다. 세포 자체도 죽고 나기를 반복하고 있으니 어림잡아 상피세포가 일주일여 살고 백혈구 수명 또한 일주일이니 미토콘드리아도 이것들에 버금가는 아주 단기간만 그 기능을 발휘하고 만다.

적혈구만 해도 넉 달을 살고 죽어 버리니 세포의 재생, 미토콘드리아의 신생을 위해서도 끊임없이 음식을 먹어 줘야 하는 것이다. 그리고 앞에서도 언급한 바 있지만 동물세포에는 미토콘드리아만 있지만 식물세포에는 이것과 엽록체가 다 들어 있다. 흔히 말해서 엽록체는 광합성을 하고 미토콘드리아는 호흡을 한다고 하는데, 광합성은 빛에너지가 이산화탄소를 환원시켜 포도당을 합성하는 고정과정(동화과정)이라면(그 결과 산소가 생겨남), 호흡은 반대로 이 포도당을 산화(산소를 써서)시켜서 이산화탄소와 열과 에너지를 내는 과정(이화과정)이다.

이산화탄소는 식물이 쓰고 그때 나오는 산소는 동물이 사용하니 동식물은 이런 점에서도 서로 의지하며 돕고 살아가는 것이 아닌가. 아무튼 세균들이 변형되어 만들어졌다는 미토콘드리아와 엽록체 없이는 생명 그 자체를 논하지 못한다. 과연 위대한 피조물이요, 하나뿐인 절품(絕品)이라 해야 하겠다.

아무리 그래도(아직도) 황당하게 느껴지는 것은, 이들 모두 세균이 변해서 되었다는 것이다. 저 초목(草木)의 푸름을 세균 덩어리가 발한다고? 내가 쓰는 힘과 음식이 서서히 타면서 내는 몸의 열도 결국 세균 녀석의 짓이라니? 아무튼 마음의 에너지도 미토콘드리아에서 발산되는 것이다. 몸이 건강해야 마음도 튼튼하고 실하다. 힘의 발산지가 다름 아닌 너, 미토콘드리아임을 알았다!

세포가 포도당 흡수 못하면 당뇨병!

　사람들은 누구나 포도당 하면 먼저 병원을 떠올리게 되고 링거병 똥구멍에 걸린 기다란 줄을 타고 방울방울 떨어져 주사 갈퀴로 빨려드는 약 방울을 연상하게 된다. 북받치는 서러움, 아려오는 가슴을 치며 후회한들 무슨 소용 있으랴. 타다 남은 양초 밑동에 묻은 촛농 꼴로, 목숨이 경각에 달린 저물녘 자투리 인생을 사는 병자에겐 소금물(Ringer's solution)도 중하지만 포도당도 뒤척이는 환자의 연명(延命)에 얼마나 중요한 몫을 하는지 모른다. "죽을 자리에 살 운 있다."라고 하니 의기소침하지 말고 꿈과 용기를 잃지 마시라. 아파 봐야 건강이 중한 것을 절감한다. 겪어 보지 않으면 그 아픔을 모른다. 모르고 말고.

　그렇게 피 속에 들어간 포도당은 우리 몸(세포)에 어떻게 흡수되며 또 어떤 길을 거쳐 에너지(힘)를 내는 것일까. 세상은 아는 것만큼 보인다고 하지 않는가. 생물 세계를 깊숙이 파고 들어가면 필자도 오리무중이요, 눈앞이 캄캄해진다. 그래도 언제나 알려고 전공 글들을 뒤져서 읽고 새로운 것을 알았다 하면 거기에 피와 살을 붙여서 이렇게 끼적거려 써 놓는다. 이렇게 모은 것이 한 권의 책으로 만들어져 나간다.

지방이 되는 포도당

포도당은 말 그 자체가 의미하듯이 포도라는 과일에 많이 들어 있는 당분이라는 뜻이다. 하지만 포도당은 포도말고도 감이나 무화과 등 모든 과일에 들어 있고 꽃의 꿀샘에서 따 온 꿀에는 더더욱 듬뿍 들어 있다. 그런데 어디서 따 왔든 식물이 갖는 포도당은 엽록체가 광합성을 한 산물이 아니던가.

아무튼 우리 몸에 흡수된 여분의 포도당은 분자구조가 아주 복잡한 다당류인 글리코겐(glycogen)으로 바뀌어 간이나 근육에 저장되었다가 다시 포도당으로 전환되어 쓰이기도 한다. 일단은 피에 녹아서 혈당(0.1퍼센트가 정상) 상태로 있다. 언제나 당을 필요로 하는 세포에 공급된다. 자동차로 치면 기름인 셈이다.

그런데 이 포도당은 녹색식물의 엽록체가 빛에 작용하는 명반응(明反應)과 온도와 이산화탄소가 지배하는 암반응(暗反應)

이라는 복잡다단한 과정을 거쳐 만들어진 가장 간단한 초산물(初產物)이다. 포도당을 다른 말로는 덱스트로우스(dextrose)라 하는데 병원에서 놓아 주는 포도당병 설명서에도 그렇게 쓰여 있다. 필자에게는 뭘 보면 그냥 넘어가지 못하고 눈을 부릅뜨고 들여다보는 몹쓸 버릇(?)이 있으니 이는 아마도 '호기심'이 잡아당기는 탓이리라. 돈 만 원짜리 지폐를 눈 닦고 보면 오른쪽 모서리에 상징동물인 용(龍)이 있다. 그리고 왼쪽 아래 그림에는 물시계(돈에 아주 작게 쓰여 있음)라는 설명글도 있다. 백원짜리 동전 둘레에 점이 100개인 것도 물론 빠뜨리지 않고 헤아린다. '호기심은 창조의 어머니'인 것을 강조하면서…….

영어로 포도당이라는 뜻의 'glucose'는 희랍어 'glykys'에서 왔는데 여기에는 '달다(sweet)'라는 의미가 들어 있다. 이것의 분자식은 $C_6H_{12}O_6$로, 구조는 꽤 간단하지만 세포에 들어가 세포질에서 10단계가 넘는 해당작용(解糖作用)이라는 과정을 거치고 나서야 비로소 미토콘드리아에 들어갈 수가 있다. 거기서 분해되어 에너지를 내는 과정은 교과서를 참조해야 할 만큼 꽤나 복잡하다. 식물에서 만들어진 포도당은 녹말로 전환되어 저장된다. 그러면 사람이 그것을 먹어서 다시 포도당으로 분해하여 이용하는데 그 과정이 너무너무 복잡하다.

사실 사람의 몸속에서 포도당 대사 하나만 제대로 안 되어도 큰일이 생긴다. 밥을 먹으면 녹말이 엿당, 포도당으로 소화된다. 그리고 소장으로 흡수되어 피에 녹아 혈당이 된다. 이것이 필요한 조직이나 세포로 전해지고 여기에서 쓰고 남는 혈당은 주로 간이나 근육, 지방세포에 저장된다. 여기에서 지방세포에 포도당이 저장된다는 것은 포도당이 지방으로 바뀌어 저장된다는 것을 뜻한다. 그래서 탄수화물을 많이 먹으면 지방세포가 커져서(부풀어서) 체중이 는다.

체중이 숱하게 증감을 반복하는 것은 절대로 세포의 수가 늘었다 줄었다 하는 것이 아니다. 이 지방세포가 지방이나 물을 많이 머금으면 세포가 커져서 몸무게가 늘고 그것들이 빠져나가면 줄어드는 것이다. 이것은 다른 곳에서도 상세히 설명했다. 사실 그것들이 들락거리는 것도 유전자 탓이다. "하마 유전자를 가진 사람이 꽃사슴 될 생각은 말라."라며 꿈 깨라고 했던가. 포도당이 지방으로 바뀌는 것은 마소에서 볼 수 있다. 풀만 먹고도 기름기가 그렇게 많이 끼는 것은 거기서 연유하는 것이다. 밥이 살이 된다!

뇌의 활동을 촉진시키는 포도당

그런데 우리 몸에서 포도당을 가장 많이 소비하는 곳은 근육과 뇌이다. 지방세포에 저장해 둔 것은 나중에 필요할 때 쓰기 위함이다. 근육에는 포도당이 글리코겐 상태로 바뀌어 저장되어 있는데 근육이 수축과 이완이라는 운동을 하면 곧바로 포도당으로 바뀌며 이때는 주로 혈당(80퍼센트)을 소비한다. 그러나 활동을 하지 않고 쉬고 있을 때는 우리 뇌의 대사에 전체 혈당의 60퍼센트를 소비한다고 한다. 여기서 뇌가 얼마나 포도당에 의존하고 있는지 짐작할 수 있다.

또 뇌의 물질대사에 관여하는 것 중 70퍼센트(30퍼센트는 다른 영양소를 씀)가 포도당이다. 그래서 머리를 많이 쓰면 혈당의 소비가 증가하는 것! 자라는 아이들이나 시험 준비를 하는 학생들은 단당류(單糖類)인 포도당으로 분해되기 쉬운 이당류(二糖類)인 엿이나 사탕을 실컷 먹어서 뇌의 활동을 원활하게 해 줘야 한다. 입학시험기에 '합격 엿'이 등장하는 것은 '붙어라'라는 의미보다는 '포도당 공급'이라는 과학성이 들어 있음을 알아야 한다. 우리네 조상들은 무척이나 과학적이셨다는 말이다. 경험이 일궈 낸 과학은 이론적인 설명을 훨씬 앞서고 있다.

설탕(우리가 어릴 때는 설탕이 약이었음)이 없던 그 옛날에는 거지반 엿으로 당을 보충하였다. 그것이 머리를 맑게 한다는 것을 이미 알고 있었던 것이다. 단 것을 많이 먹어 이가 상하면 틀니라도 할 수 있지만 당 부족으로 발현되지 못한 지능(知能)은 어찌 해야 하는가. '틀뇌'가 없으니 말이다. 크는 아이들에게 당의 공급은 절대적인 것이다. 뇌에 무게 중심을 두어야 함은 자명한 사실이 아닌가. 하나만 보고 둘을 못 보는 부모가 되지 말아야 한다. 소탐대실(小貪大失)! 작은 것을 아끼다가 더 큰 것을 잃는 우(愚)!

그런데 당뇨병에 걸린 사람은 근육에 저장하는 글리코겐의 양이 팍팍 줄어 정상인의 50퍼센트밖에 되지 못한다. 결국 혈당이 남아도는 고혈당(高血糖)이 되어 여러 가지 병적 증상을 보이게 된다. 혈당 역시 적어도(저혈당) 탈, 많아도 탈이다. 적으면 뇌와 근육이 굶어서 그 기능이 떨어지고, 너무 많으면 포도당이 여러 조직에 엉겨 붙어 혈관의 투과성(透過性)을 떨어뜨리고 눈의 수정체를 혼탁케 하며, 콩팥과 심장 등의 기능을 엉망진창으로 만들어 버리는 등 수많은 병적 증상을 유발한다. 당뇨병의 증상은 어쩐지 노화(老化)와 아주 닮았다. 그래서 우리 몸은 언제나 항상성 유지를 위해 노력한다. 이를 위해 에너지가 많이 쓰인다.

부자 병 '당뇨'

처절한 고독을 대면해야 자기를 보고, 엄청 가난해야 신(神)을 만난다고 하던가. 여하튼 '부자 병'이라는 별호가 붙은 당뇨병은 이자에서 분비되는 호르몬인 인슐린이 부족해 일어나는 병이다. 이자(췌장) 랑게르한스섬의 베타세포(β cell)가 망가지면 인슐린 분비가 제대로 되지 못하는데 이 때문에 당을 제때 제대로 분해, 저장을 못하게 되는 것이다.

당뇨는 혈당이 홍수처럼 흘러서 피의 농도가 짙기 때문에 조직에서 물을 빨아내고(농도가 짙은 쪽으로 물이 이동함) 이 물은 콩팥으로 자꾸 흘러 나가기에 심하면 탈수증까지 걸린다. 물과 함께 무기염류도 배출되기에 염류 결핍도 일어난다. 그래서 당뇨 증세가 있으면 갈증이 나서 물을 자주 마시게 되고 따라서 소변을 자주 보게 되는 것이다. 그 오줌에 개미 놈들이 꾀여 들고.

당뇨병의 원인에는 두 가지가 있다. 첫 번째는 '피톨(혈액세포)'에 유전자가 붙어 있어 내림을 하는 것으로, 인슐린을 만드는 베타세포가 자가 면역(自家免疫)을 일으켜 멀쩡한 세포를 파괴해 생긴다. 두 번째는 인슐린과 직접 관계가 없는 것으로, 일반적으로 나이를 먹으면 근육이나 간, 지방세포의 혈당 조절 능력이 떨어져서 고혈당이 되면서 생긴다. 몹쓸 병도 다 있다. 그런데 이것이 포도당의 장난이요, 작당이라니. 몸에 그지없이 필요한 바로 그 포도당의 몹쓸 짓. 양면성을 갖지 않는 것이 없단 말이겠지.

어쨌거나 에너지 대사에 필수적인 혈당도 말썽을 부리는데 이는 모두 세포막의 포도당 투과성에 문제가 있기 때문이다. 세포는 바깥 환경과 내용물이 섞이는 것을 막기 위해 두 겹으로 된, 물을 싫어하는 차단막인 지질층(脂質層, lipid layer)을 가지고 있다. 때문에 물에 잘 녹는 포도당 같은 물질이 통과할 때도 직접 세포에 들어가지 못한다. 대신 막에 있는, 이것을 운반하는 물질인 아미노산을 타고 드는데 이를 '운반 아미노산(transporter amino acid)'이라 한다.

적혈구를 실험한 연구 자료를 보면, 지질층을 가로질러서 492개의 아미노산이 줄지어 있는데, 이것들이 당과 결합하면 작은 구멍이 만들어지고, 그 구멍으로 포도당을 받아들인다고 한다. 그런데 쥐의 지방세포를 배양하면서 여기에 인슐린을 넣으니 포도당 흡수량이 15배나 증가하고 적혈구는 흡수 속도가 900배나 빨라졌다고 한다. 포도당의 세포 투과에 호르몬 인슐린이 있어야 한다는 말씀. 호르몬이 이런 일도 하는구나.

이것을 간단히 종합해 보면, 세포막에는 인슐린이 달라붙는 자리가 있는데 이것이 그 자리에 붙으면 '운반 아미노산(단백질)'의 기능이 활성화되어 포도당을 쉽게 흡수한다는 것이다. 여기서 말하는 '운반 아미노산'은 곧 단백질을 말한다. 이 단백질은 세포막에 네 가지가 있는데 그중에서 'G$_1$T$_4$'라는 단백질에 이상이 생겨서 포도당 운반(흡수)을 제대로 못하게 되는 것이 곧 당뇨병이다. 결국 이 단백질을 만들게 하는 유전자에 이상이 발생해 단백질 합성이 되지 않으면 유전성인 당뇨가 생긴다는 것이다.

유전자도 원망스럽지만 근육이나 지방세포, 간세포의 세포막이 쑥쑥 포도당을 빨아들이지 못해 그 무서운 불치병에 걸린다. 우습지만 세포막이라는 장막이 사람 생명의 열쇠를 쥐고 있다는 말이 된다. 밑천이 건강뿐인 보통 사람들에게 병이란 삶의 밑바탕을 막 뒤흔드는 것이다. 해맑은 그림에 괴발개발 황칠을 하여 해작질하는 꼴이다. 건강이 제일이지, 제일이고말고. 과거는 지나갔고, 미래는 오지 않았고, 지금은 쉼 없이 변해 가니, 추억과 희망을 먹고살기도 어렵구나.

그런데 물질의 이동은 언제나 세포막의 '운반 단백질'이 하는 것은 아니다. 물질의 농도 차에 따라서 저절로(에너지가 들지 않고, 포도당 운반에는 에너지인 ATP가 소비됨) 이동하는 확산으로 인해 일어나기도 한다. 세포막을 통한 물질의 이동은 포도당만이 아님을 우리는 잘 알고 있다. 한마디로 모든 것이 드나든다.

참고로 나트륨 이온(Na+)의 예를 보자. 이것은 우리가 먹은 소금(NaCl)이 이온화하여서 생긴 것으로 세포의 대사에 매우 중요한 몫을 한다. 보통 때는 세포 밖의 농도가 10배 정도 짙어서 다른 칼륨(K+) 이온이 나올 때 나온 만큼 나트륨 이온이 들어간다. 이온의 평형을 유지키 위해서 1초에 무려 1,000만 개가 들어간다고 하니 포도당이 흡수되는 속도보다 10만 배나 빠르다고 한다. 이 이야기는 물질의 종류에 따라서 흡수 속도가 다 다르다는 것을 말하는 것이고, 피도 괴지 않고 흘러야 한다.

어쨌거나 포도당 하나가 세포막을 술술 통과하지 못하면 고질인 당뇨병에 옭죔을 당한다고 하니 언제나 '드나듦'이 잘 이뤄져야 한다. 잘 먹고 쉽게 소화시켜서 술술 내보내는 것도 결국은 들고남이 아니겠는가. 물류유통이 원활해야 물건 값이 싸지는 것이다.

알고 보면 당뇨병은 병 중에서도 괴수라서 쇠귀신같이 달라붙어 여간해서는 완치가 되지 않으니 일심정념(一心正念)으로 조신(操身)하지 않으면 불귀객(不歸客)이 된다. 개똥밭에 굴러도 시방 세계가 좋지 않은가. 허나, 문지방 밖이 저승이다. 거울 속의 얼굴은 해마다 달라지건만 외려 치기 어린 마음은 여전히 작년의 나로군! 신명(身命)을 다 바쳐 복 짓다 죽으리라.

여린 살갗에 이런 일이

사람의 몸은 많게는 200여 가지의 조직이 얽히고설켜서 여러 꼴(기관)을 만든다. 그중에서 피부는 밖에서 오는 자극을 감각하고(느끼고), 체액의 손실(증발)을 막아 주며, 화학물질이나 병원균의 침투를 막아 내는, 즉 전방위(前方衛) 역할을 한다. 작은 상처나 화상을 입으면 그때서야 살갗이라는 것이 얼마나 고마운지 또 얼마나 힘든 일을 하는지 알게 된다. 예를 들어 손에 가시랭이 하나만 끼어도 온통 정신이 거기에 다 팔린다.

보통 살갗(피부)은 상피와 진피로 나누는데 위에 있는 상피는 세포가 대략 10층이고 진피는 20층이다. 상피층은 새 세포가 생겨나면서 아래에서 계속 위로 밀어 올린다. 그래서 가장 밖에 있는 것은 죽어 떨어져 나간다. 밀려난 세포는 바로 때가 되지 않고 각질층이 되는데 이것이야말로 소위 우리가 말하는

'속 때'라는 것이고 이것이 바로 방을 아무리 청소를 하여도 나오는 먼지이다. 그리고 이 먼지를 '집먼지진드기'가 먹고산다.

결국 죽지 않는 세포는 없다. 적혈구만 해도 넉 달을 넘게 살지만(어?! 적혈구 전체를 따지면 1초에 240만 개가 죽고 생긴다) 이들 몸 안팎의 상피세포는 고작 일주일간 살다 죽으니 무척이나 단명(短命)하는 녀석들이다. 하기야 몇 시간밖에 살지 못하는 세포 속의 미토콘드리아나 3~4일을 사는 소장벽의 융모세포, 3~10일을 사는 대장상피, 일주일 살다 죽어 버리는 백혈구에 비하면 꽤 오래 사는 편이다. 앞서 말했듯이 이렇게 죽고 나기를 이어 나가야 하니 우리는 삼시 세끼를 꼬박 찾아 먹어야 하는 것이다. 때문에 어제의 나와 오늘의 나는 결코 같은 내가 아님이 확실하다!

살갗이 변해 생긴 것으로는 손발톱과 머리카락, 전신에 퍼져 있는 털이 있는데 이것들도 결국 몸을 보호하는 역할을 맡고 있다. 지렁이나 개구리는 주로 피부로 가스교환을 하고 무당개구리는 피부에서 독성을 분비한다. 곤충 무리는 페로몬이라는 냄새를 분비하여 서로 의사소통을 하며, 파리는 발바닥에 점액을 분비하여 물체에 달라붙는 데 쓴단다. 이외에도 피부가 하는 일은 이루 다 헤아릴 수 없다.

여기에서 생각나는 것이 있다. 파리가 발바닥의 점액으로 천장이나 거울에 붙는다는 생각은 수정되어야 한다. 물론 그런

면도 있지만, 현미경적 사고를 도입하면 이야기가 달라진다. 거울이 우리 눈에는 아주 매끈해 보이지만 고배율로 보면 많은 틈새가 있고 꺼끌꺼끌하며, 울퉁불퉁하기 짝이 없다. 그러므로 파리의 다리 끝에 붙은 수많은 작은 센털(강모)이 그 사이로 틈입하여 거울에 달라붙는 것이다. 유리가 이 정도라면 천장의 종이에 붙는 것은 누워서 떡 먹기이다. 파리 놈은 다리의 센털로 거울에 달라붙는다?!

인종을 나누는 멜라닌세포

아무튼 피부가 하는 일은 다양하다. 여름에는 땀을 분비하여 기화열로 체온을 낮추고(전신에 땀샘이 200만 개 내지 500만 개가 있음) 자외선에 많이 노출되면 살갗을 검게 해 빛을 차단하기도 한다. 여기에서는 피부의 색소 문제를 조금 깊게 다뤄 보자. 우리들의 얼굴이나 몸의 색깔은 거미보다 더 빽빽하게 분포하는 실핏줄에 흐르는 피의 색이 피부 밖으로 비쳐 보이는 것으로, 피의 흐름이 많으면 '혈색(血色)'이 좋고 그렇지 못하면(심하면) 창백해지거나 '병색'을 띠게 된다.

그런가 하면 흑인, 백인, 황색인으로 나뉘는 것은 피부색 때문인데 이 피부색은 상피에 분포하고 있는 멜라닌(색소)세포(melanocyte)에서 기인(起因)한다. 이 세포는 피부 1제곱밀리미터(1밀리미터 × 1밀리미터)에 1,000~2,000개가 분포하는데 백인이든 흑인이든 이 세포 수는 다르지 않다. 오직 그 속에 생기는 색소 입자인 멜라닌(melanin)의 양에 차이가 있을 뿐이다. 다시 말하면 햇볕에 태워서 살갗이 검어지는 것도 색소세포의 수가 증가하는 것이 아니고 그 안에 생긴 색소의 양에 의해서 검기의 정도가 결정된다는 것이다. 그놈의 멜라닌이 무엇이기에 인종차별을 하는지, 인간 동물의 행태가 참 고약하고 꽤나 우스꽝스럽다. 같은 종(種)끼리 죽이는 간사스런 인간들이다. 동물들 보기에 민망스럽고 창피하기 그지없다. 짐승 똥이나 먹어라!

그런데 멜라닌에는 검은(갈색)색을 보이는 유멜라닌(eumelanin)과 황적색 계통을 내는 페오멜라닌(pheomelanin)이라는 두 종류가 있다. 이들은 멜라닌세포 속에서 티로신(tyrosine)이라는 아미노산이 산화되어 만들어진다. 그런데 이 색소는 몸 부위나 기관에 따라서 조금씩 다르게 분포되어 있으며 피부에서 자외선을 차단한다.

또한 하나의 성적인 특성〔성징, 性徵〕으로 괴이케도 젖꼭지, 소음순, 음경, 고환 등 생식기관에 짙게(검게) 분포한다. 그러니 "사람은 '검음'으로 사랑을 말한다."라고 해도 무방하겠다. 그런가 하면 이것이 덜 분포돼 희게 보이는 부위도 있으니, 바로 손바닥과 발바닥, 눈알의 흰자위(홍채)가 그곳이다. 흑인들의 손바닥은 희고, 인간만이 홍채가 하얗다는 이야기를 여기서도 하고 넘어간다.

사족 하나를 끼운다. "잘 못 그린 뱀에 발을 그려 뭘 하겠는가."라는 말이 있다. 독자들은 당장 자기의 손톱을 내려다 보시라. 아래 끝자락 '손톱의 반달' 이야기이다. 왜 이 새로운 조직이 다른 것보다 희게 보이는 것일까? 손톱도 피부가 변한 케라틴이 주성분이다. 그런데 손톱의 반달은 다 자란 부위보다 3배나 더 두껍다고 한다. 흰색을 띠는 것은 거기가 두꺼워서 손톱 밑에 흐르는 피가 비춰 보이지 않아서 그렇다. 다 자란 곳은 손톱이 얇아져 피가 비친 때문임을 알자.

위에서 언급한 '얼굴색' 이야기와 연계시켜 생각해 보면 더 좋을 듯. 실은 이 내용을 필자도 안 지가 1년여밖에 되지 않았다. 그걸 아는 순간 얼마나 기뻤던지! 60평생을 그 원인도 모르고 살았으니, 내가 바보란 생각도 들었고.

본론으로 돌아와, 사람 중에서도 카멜레온처럼 보호색을 갖는 경우가 있다지만, 실제로 포유류와 조류는 어떤 자극으로 짧은 시간에 몸 색깔을 거의 바꾸지 못한다. 개구리 등의 하등척추동물은 주변의 색이 바뀌면 따라서 체색을 변하게 한다. 이는 뇌하수체에서 분비하는 호르몬의 영향을 받아 색소세포 속의 색소가 응집(체색이 흐려짐)되거나 확산(체색이 짙어짐)되면서 나타나는 현상으로 '생리적 색 변화(physiological color change)'라 한다. 흑백의 변화 외에 빨강, 노랑 등의 색깔로 바뀌는 것도 그 색소의 응집과 확산에 따른 것이다. 사람이 '안색을 바꾸는 것'은 결국 색소와는 관계가 전혀 없는 혈관의 확장(붉어짐)과 수축(창백해짐)에 의한 것이니 이를 '형태적 색 변화(morphological color change)'라고 한다.

흑인들의 피부가 까만 이유

그건 그렇고 태양이라는 것도 '많아도 탈 적어도 탈'이다. 햇빛을 너무 많이 받으면 자외선으로 인해 피부암에 걸리고 햇빛을 너무 적게 받으면 비타민 D 합성이 잘 되지 않아 뼈가 물렁거리고 곱추가 된다니 말이다. 살갗에는 콜레스테롤구조와 아주 유사한 에르고스테롤이 있는데 이것이 자외선을 받으면 비타민 D로 전환된다. 비타민 D에는 D, D_2, D_3 이렇게 세 종류가 있다. 북극 지방 사람들은, 겨울에는 햇빛을 못 받아서 비타민 D가 든 알약을 먹어 보충한다고 한다. 그런 일이 없는 우리는 복이 터진 것이 아니겠는가. 행복함을 모르는 것이 불행의 으뜸이라 하던가.

그런데 성인은(유아는 아님) 우유를 너무 많이 먹거나 햇빛을 너무 과하게 받으면 비타민 D가 몸에 쌓인다(지용성 비타민이라 축적됨). 그래서 되레 콩팥 등에 석회화(石灰化)가 일어나 요석(尿石)이 생기고, 뼈가 부스러지는 등 여러 부작용이 일어난다. 이것이 곧 비타민 D의 독성이다. 결론적으로 강렬한 태양에서 지내야 하는 흑인들의 피부가 새까맣게 검은 것은 피부암 예방(피부가 멜라닌 입자를 흠뻑 만들어 자외선 차단)에도 관련이 있겠지만 이보다는 비타민의 부작용을 예방하는 장치라는 점을 알아 두기 바란다. 검어지고 싶어 그런 것이 아니고 살자고 그런 것이란다!

어쨌거나 피부는 건강을 가늠하는 리트머스 같은 것이라, 기름기가 흐르던 때깔 좋은 젊은 시절도 잠깐, 세월이라는 풍화(風化)에 씻겨 주름투성이가 되고 만다. 피부도 늙으니 잘 간수해야 하기도 하지만, 세월을 먹고 살아온 피부에는 한 사람의 살아온 역사가 판박이되어 있는 것이다. 그래서 피부는 자기가 책임을 지는 것이라고 한다.

필자는 피부 건강법을 잘 알고 있다. 마음을 열면 우주를 덮을 수가 있고 마음을 닫으면 바늘 끝도 덮지 못한다고 하지 않는가. 마음을 열면 고운 살갗이 얼굴에 드러난다. 전기 코드가 빠진 냉동실에 갇힌 사람이 얼어 죽었다거나, 실은 토마토 주스를 마시고도 그것이 농약인 줄 알고 급살을 했다는 것은 뭘 의미하는가. 필자가 가장 즐겨 쓰는 말, 일체유심조(一切唯心造), 모든 것은 제 마음에 달렸으니 언제나 지족(知足)하고 사는 것이다. "아, 나는 행복하다, 행복하다."를 거듭거듭 외쳐 보는 것이다.

학질은 모기 탓이 아니다

　"학질 뗐다."라는 말은 떼기 어려운 고역(苦役)을 간신히 피하거나 면했을 때 사용한다. 그렇다면 분명 학질은 지독한 병인데, 뭐가 어떠하기에 그렇다는 것인지 지금부터 살펴보도록 하자. 물론 학질은 학질모기가 옮긴다. 다른 말로는 말라리아라고 하는데 우리나라에서는 사라진 것으로 알았던 이 병이 갑자기 다시 생겨나기 시작하였다. 이상하지 않을 수 없다? 일설로는 북한의 학질모기가 남하하여 그렇다고도 한다. 비무장지대를 접하고 있는 강원도, 경기도 지역에만 병이 도니 그럴 만도 하다. 북한의 실정이 얄궂게도 필자가 어렵사리 살았던 초동(樵童) 때의 상황과 영판 닮지 않았나 하는 생각이 든다.

　먼저 독자들이 혼란을 일으키지 않았으면 하는 것은 이 병의 주범은 모기가 아니라, 모기의 침에 같이 묻어 들어온 원생

동물 중 포자충류의 일종인 플라스모디움[*Plasmodium* sp.]이라는 것. 실은 모기도 이 기생생물 때문에 죽을 맛이고, 심하면 이것들에게 희생을 당한다고 하니 어찌 학질이 모기 때문이라고 할 수 있겠는가. 나중에 자세히 말하겠지만, 사람은 어느 동물보다도 이기적이라서 모기를 '죽일 놈'으로 고깝게 탓하고 있지만 말 못하는 모기도 이놈의 단세포동물에게 무참히 당하고 있다. 모기는 되레 사람을 '죽일 녀석'으로 꼴같잖게 생각하고 '네놈 때문'이라고 깔보고, 이를 갈고 있다. 퇴박맞을 대상은 되레 사람이렸다!

사람을 원망하는 모기

그런데 신기한 일은 세계적으로 수백 종이 되는 모기 중에서도 유독 학질모기[*Anopheles* sp.] 속(屬) 네 종만이 학질을 옮긴다고 한다. 다른 생물의 세계에서도 서로 정해진 끼리끼리만 관련을 맺는 종특이성이라는 것이 있으니 이것도 그런 각도에서 보면 이해가 빠르다.

모기는 그렇다고 치고, 병을 유발하는 플라스모디움은 어떤 특징이 있는지 보자. 학질에는 사흘마다 고열이 나는 '3일열'과 나흘마다 열을 내는 '4일열'이 있는데, 앞의 것은 대표적으로 3일열 원충[*Plasmodium vivax*]이, 뒤의 것은 4일열 원충[*P. malariae*]이라는 녀석들이 옮기니 이것도 일종의 종특이성이다. 여기 학명에서 뒤의 P.는 앞의 *Plasmodium*의 약자이다. 앞에 한번 나온 속명은 뒤에서는 약자로 쓰는 것이 원칙이니 여러 가지로 편리하다(잉크도 절약되고 종이도 아낌). 그리고 학명은 언제나 여기서처럼 이탤릭체로 써서 다른 것과 구분한다.

그러면 학질이 어떤 경로로 옮겨지는지 보자. 모기가 사람을 물면 그때 침샘에 들어 있던 스포로조이트(sporozoites)가 실핏줄에 들어가 사람의 간으로 이동한다. 그러면 간세포에서 스포로조이트가 분열돼 여러 개의 메로조이트(merozoites)를 만든다. 이것은 일종의 무성생식으로(유생생식(幼生生殖)이라고 해도 좋음) 씨를 많이 퍼뜨리기 위해서 쓰는 특별한 생식방법이다.

수많은 메로조이트는 간세포를 깨고 나와서 적혈구에 들어가는데 거기에서도 분열하여 더 많은 메로조이트를 만들어 낸다. 적혈구를 터뜨리고 나온 이것들은 또 다른 적혈구에 들어가 번식한 후 수많은 적혈구를 동시에 파괴하고 나오는데 바로 이때 열이 나는 것이다. 앞에서 말했듯이 2, 3일 주기로 반복한다. 일분일초도 안 틀리고 정해진 시간에 적혈구를 터뜨리고 나오는 걸 보면 그저 신비로울 뿐이다. 씨를 뿌려 놓은 밭에서도, 부화기에서 깨어나는 병아리에서도 동시성을 발견할 수 있다. 미욱(어리석고 미련함)하기 짝이 없는 저 하등한 것들에게서 말이다.

다시 학질에 걸린 사람의 피를 다른 모기가 빨아먹으면 메로조이트가 따라 들어가게 된다. 그러면 모기의 위(胃)에서 암수가 만들어져 수정이 이루어진다. 결국 모기에서는 유성생식이, 사람 몸에서는 무성생식이 일어난다. 모기의 위에서 수정된 플라스모디움은 위벽을 뚫고 나가 난모세포라는 다른 형태로 바뀌는데 이것이 침샘으로 이동하여 스포로조이트로 변해 머물다가 모기가 피를 빨 때 다시 다른 사람의 몸속으로 들어간다. 보다시피 이렇게 모기도 이것들의 분열에 영양분을 빼앗기고 위벽에 생채기 나서 경우에 따라서는 죽기도 하니 어찌 사람을 원망하지 않겠는가. 사람들이 없었던들 이런 일은 안 당할 것 아닌가. 우리 때문에 모기가 곤욕을 치루는 것을 우리들은 생각조차 않을 뿐더러 "방귀 뀐 놈이 성낸다."라고 모기를 얕보고, 원수처럼 여겨 눈에 쌍심지를 켜며 잡아 죽이려 든다. 이럴 때 쓰는 말이 있으니 '모만(侮慢)'이다. 남을 멸시하고 저만 잘난 체한다는 뜻. 무지와 오만덩어리인 인간들!

아무튼 플라스모디움이 모기 몸속에서 다른 동물(사람)에 매개(媒介)할 정도로 성숙하는 데는 대략 1, 2주일이 걸린다. 모기의 침샘에서 시작하여 사람의 몸을 돌고 또다시 모기의 타선(唾線)까지 한 바퀴를 돌았으니 이것이 속칭 '플라스모디움의 일대기'가 아닌가. 회충이나 흡충, 촌충 모두가 이렇게 타래 얽히듯 복잡한 감염 경로를 거치게 되는데 이런 과정이 그들에게 어떻게 유리하고 불리한지 모르겠다.

열대지방이나 아열대지방의 토질병(土疾病) 중에서 학질이 가장 으뜸이라 한다. 오늘날도 이 병 때문에 세계적으로 수많은 인명이 희생당하고 있는 실정이다. 학질에 걸리면 간(세포)이 망가지고 적혈구가 많이 파괴된다는 것을 짐작할 수 있을 것이다. 특히 적혈구 속의 헤모글로빈(Hb)을 양분으로 쓰고 남은 부산물 중에 헤모조인(hemozoin)이라는 검고 불용성(不溶性)인 물질이 있는데 이것이 간이나 지라에 쌓여서 커다란 부작용을 일으키는 것은 물론이고, 적혈구가 파괴되어서 심한 빈혈증이 되니 심하면 생명까지 앗아간다.

그리고 적혈구를 파괴하고 나올 때(정해진 시간에 그리고 동시에) 심한 한기(寒氣)를 느끼고 고열이 나는데 이것은 학질의 전형적인 특징이다. 필자가 어릴 때만 해도 학질에 걸리면 약이 없어서 무척 고생을 했으나 요새는 치료약은 물론이고 예방약도 개발되어 있다.

그런데 플라스모디움은 적혈구 속의 헤모글로빈 단백질만으로는 영양이 부족해 다른 수단을 강구한다. 적혈구 속에 들어 있는 메로조이트는 여러 가지 약에서 스스로를 보호하고 면역체의 공격을 막는 일도 중요하지만 무엇보다 번식이 가장 중요하다.

그런데 이것은 여러 가지 양분을 섭취해야 가능하기 때문에 스스로 화학물질을 분비하여 적혈구(세포) 막에 구멍을 뚫어 적혈구의 밖, 혈장에 있는 여러 아미노산을 빨아들인다고 한다. 아직 이 분야는 정확하게 그 원리를 확인하지 못하고 있지만 적혈구 막을 파괴하는 과정(원리)만 알면 놈들을 잡는 새로운 약을 개발할 수 있을 것이라 한다.

모기의 변명

다시 학질모기는 어떤 위치에 있으며 어떤 행동을 보이는지 보자. 곱씹어 말할 것은 우리는 이마의 삼문(三紋, 가로 세 줄의 주름, 天地人을 의미한다고 함)을 좁혀, 달라붙이고 '너 때문에'라고 죄 없는 모기만 미워하고 탓하지 않았느냐는 것이다. '학질매개체'라는 입장이라서 말도 못하고 누명을 뒤집어쓴 채 살아온 모기들의 변명 아닌 해명을 좀 들어 보자.

플라스모디움에 감염되면 모기는 수명이 짧아질 뿐만 아니라 죽기도 한다. 다른 동물을 무는 행위에는 언제나 위험이 따르기 때문에 모기(우)는 필요 이상의(암놈은 알을 성숙시키기 위해서 다른 동물의 피를 필요로 하지만) 피는 빨지 않으려 한다. 그러나 기생충인 플라스모디움이 쉼 없이 공격적으로 사람을 깨물도록 모기를 충동질하고 있단다.

그리고 모기는 학질을 많이 퍼뜨리면 퍼뜨릴수록 피를 빨아먹을 숙주동물이 병에 걸려서 죽기 때문에 종 보존에 불리한 것도 잘 알고 있다. 그러나 '귀신이 씌여' 기생충의 충동질에 자기도 모르게 이성을 잃고 공격을 하게 된다. 이렇게 기생충이 숙주의 행태를 바꾸는 예는 얼마든지 있고, 이 책에도 몇 가지 예를 들어 놨다.

앞의 모기 이야기의 연속인데, 173마리의 모기를 잡아서 관찰했더니 플라스모디움에 감염된 모기가 감염되지 않은 놈보다 두 배나 많았다고 한다. 이것은 기생체(寄生體)가 신경물질을 분비해 모기를 '드라큘라(Dracula)'로 만들어 버려 이들이 천방지축으로 날뛰게 된다는 말이다. 기생생물들도 남다른 작전을 구사하여 손(孫)을 더 많이 퍼뜨리려 한다는 것이다. 아무튼 모기 당신들의 그런 어려운 사정과 심정을 읽지 못한 세정(細情) 모르는 사람들을 넓은 아량으로 굽어 살펴 주시구려. 인간은 지극히 이기적이고 자기본의로 매사를 보는 아집(我執)에서 벗어나지 못하는 짐승이라 그러니, 그리 알게나. 그저 필자가 대신 사과드리는 바이네.

그런데 우리 모기님은 얼마나 이빨이 예리하고 튼튼하기에 그 질긴 사람의 껍질을 깨물어서 피를 내는 것일까. 여기에도 사람의 편견과 졸견(拙見)이 내재되어 있다. 모기는 앞니도 없고 송곳니도 지니고 있지 못하다. 단지 무기라면 침(타액)이 있을 뿐인데 이 침에는 피의 응고를 억제하는 물질도 들어 있고 (피를 빠는 중에 응고가 일어나면 큰 탈) 또 다른 물질, 특히 지방 성분을 잘 녹이는 가수분해 효소인 라이소자임이 들어 있다.

그래서 침을 사람의 피부에 문지르면 그 부위가 물렁해지고 녹는데 그때 뾰족한 주둥이 끝을 쿡 찔러 쑤셔 넣으니 이것을 우리는 "모기가 문다."라고 한다. 그리고 "모기가 피를 빤다."라고 하는데 어디 목줄이 질기고 커서 그런 힘이 있으려고. 이렇게 살갗에 일단 구멍이 났으니 모기 주둥이는 살갗 안으로 들어가고 그 끝이 실핏줄에 닿으니 실핏줄에도 혈압이 있어서 피는 솟구쳐 오른다. 모기는 힘들여서 피를 빨 필요가 없고 피는 저절로 모기 목구멍으로 넘어 들어가는 것이다. 거 참, 그러고 보니 그럴 듯하구만. 말이 된다!

여기에 언급된 라이소자임이라는 물질은 사람의 침에도 있어서 바이러스를 죽이고 세균 세포벽의 항삼투압작용을 잃도록 하여서 균을 녹인다. 세균을 죽인다는 뜻이다. 일종의 가수분해를 하는 물질로, 모기나 사람말고도 다른 동물의 각종 조직, 분비액에 들어 있고 일부 식물에서도 발견된다. 그래서 침은 침이 아니라 살균제요 천연 연고요 파스로, 모기가 깨문 자리에(무는 것이 아니라고 했는데?) 침을 바르면 좋다.

사람, 학질모기, 원생동물의 한 종인 플라스모디움이 어떻게 얽혀 이 세상을 살아가는지 보았다. 자연이나 생물을 편견 없이, 있는 그대로 보면 더 재미가 있다. 그래야 그들의 성성(聖性)함을 느끼고 알게 되며 감동과 설렘에 빠져 볼 수가 있다.

술의 과학

　'술'이란 말은 아마 '술술' 잘 넘어간다고 해서 붙은 이름일 것이다. 술도 계절을 탄다. 냉기가 귓가를 스치는 초겨울 어둑어둑 저녁이 내릴 무렵! 한마디로 술도 제철을 만난다. 우리는 술이 좋아서라기보다는 친구라는 안주가 좋아서 냅다 마신다.

　그런데 술은 밥이나 고기같이 애써 씹을 필요가 없고, 창자에서 따로 힘써 소화시킬 필요도 없다. 술은 이미 아주 작은 분자로 잘려 있어서 세포에 스르르 스며들어 곧바로 에너지를 낸다. 포도당보다 열과 에너지를 더 빨리 내니, 힘을 얻고 추위를 가시게 하는 데는 이것만 한 것이 없다. 세상에 이리 좋은, 기막힌 음식이 어디 있담!

　술은 이질적인 사람을 동질화시키는 신통력을 가지고 있다. 아무리 모르는 사람끼리도 술잔을 나누고 나면 마음까지 통한다는 말이다. 두 사람 사이에 걸쇠를 걸어 준다. 이방인이 어느새 구우(舊友)로 바뀐다. 주거니 받거니 몇 순배 돌고 나면 힘도 불끈불끈 솟고 마음에 묻혀 있던 진심(眞心)이 스르르 노출(露出)되기에 이른다. 진로(眞露)인 것이다. 팽팽했던 끈을 느슨케 하는 데는 술만 한 것이 없다. 술은 고인 마음을 흐르게 하고, 얼을 일깨워 되새기게 하며, 가끔은 색(色)을 매개하기도 한다.

그러나 어디 약만 되고 독이 되지 않는 것을 봤는가? 과유불급이라고, 술도 과하면 까탈을 부린다. 술을 마셔도 정신을 잃지 말아야 하니 절주(節酒)는 예(禮)요, 깨어 있음은 법(法)이라고 했다. 그런데 그게 어디 마음대로 되던가. '도깨비 오줌'이 조금만 도가 넘치면 몸과 정신 모두 제자리를 지키지 못한다. 마구잡이 행동에 체통을 삼켜 버리는 일이 종종 있다. 술을 얼마나 많이 마셨기에 '술고래'가 된단 말인가.

'술은 부작용이 가장 적은 약'이라고 약학을 전공하는 사람들이 읽는 책 「약전(藥典)」에 버젓이 쓰여 있다. 약치고 뒤탈이 없는 것이 없다는데, 그래도 알코올은 약 중에서 좋은 편에 든다. 술도 역시 양면성을 지닌다. 칼 없이는 생활하기 어렵지만 그놈을 잘 못 쓰면 손가락을 베이듯, 술도 까딱하면 패가망신한다. 담배가 정신에는 좋지만 몸에는 해로운 반면, 술은 슬기롭게 마시면 몸에도, 정신에도 이로운 양수겸장(兩手兼將)인데……. 개똥철학도 철학이다? 녹비[鹿皮]에 가로왈이라!

아마도 집사람이 이 글을 읽는다면 모골(毛骨)이 송연해진다고 할 것이다. 아주 끔찍한 일을 당하거나 볼 때에 두려워 몸이나 털끝이 쭈뼛거린다!? 술꾼 부인들은 모두 같은 심정이리라. '술 먹은 개'라고, 마셨다 하면 술이 사람을 마셔 버리는 수가 쌔고 쌨으니, 필자는 아직도 알코올중독자가 되지 않은 것만도 다행으로 생각하라며 큰소리를 빵빵 치고 있으니 얼굴이 두껍기는 두꺼운 모양이다. 사실 곤혹스럽고 무척 미안하다.

멋스러운 음식, 술

술은 닭이 물 마시듯 목구멍에 털어 넣기만 하면 되는 음식이다. 술은 왜 밥이나 고기처럼 소화효소가 필요 없으며, 포도당보다도 더 빨리 열과 힘을 내게 되는지 보자. 필자가 어릴 때만 해도 집에서 술을 자주 담갔다.

찹쌀이나 멥쌀을 시루에 찐 것이 지에밥(고두밥)이다. 하도 물기가 없어서 맨손으로 주워 먹어도 손끝에 달라붙지 않는다. 그놈을 얻어먹는 재미라니! 아니다, 엄마 몰래 슬쩍슬쩍 건어다 먹었다. 이것을 누룩과 버무려 깨끗이 소독한 독에 넣고 아랫목에다 곱게 모시고는 담요로 둘둘 말아 둔다.

하루이틀 지나면 독 안에 불이 붙는다. 부글부글 거품이 일기 시작하니, "물에 난데없이 불이 붙는다." 하여 술을 '수불'이라고 불렀다고 한다. 아무튼 작은 분화구가 여기저기서 교대로 보글보글 터진다. 술이 괸다. 며칠 뒤에 잠잠하게 가라앉으면 그때는 술(청주)을 떠도 된다.

자세히 살펴보자. 고두밥은 다름 아닌 고분자 물질인 녹말 덩어리이다. 다당류인 녹말은 우리 몸에서 소화되어 맥아당(엿당)이라는 이당류로 된 후, 다시 가수분해효소반응으로 아주 간단하고 흡수 가능한 단당류인 포도당이 된다(덜 된 술은 단맛을 냄). 포도당은 물에 녹는 간단한 분자라서, 세포막을 통과하여 세포 안으로 들어갈 수 있다. 이것이 녹말의 소화과정이다. 술은 포도당보다 더 간단하게 잘려 있으니 마시자마자 힘이 솟고 몸이 뜨끈거린다. 정말로 멋스러운 음식이다!

앞에서 술 뜨는 이야기가 나왔다. 녹말이 분해되어 모두 알코올로 바뀐 후에는 술독의 괸도 멈추고 안의 내용물이 밑으로 서서히 내려앉는다. 그리고 한창 술이 괼 때 코를 술독 아가리에 갖다 대 보면 톡 쏜다. 녹말이 발효되면서 나오는 이산화탄소(탄산가스)와 술 냄새 때문이다. 그때 촛불을 켜서 독 안에 넣어 보면 단방에 불이 꺼져 버리는 것은 당연한 일.

보충하면, 발효가 다 된 술독 안에 때 탄 용수(술이나 장을 거르는 데 쓰는, 싸리나무나 대로 만든 둥글고 긴 통)를 박으니 맑은 국물이 용수 안으로 비집고 스며들어 온다. 이 맑은 국물을 뜬 것이 청주(淸酒)요 정종(正宗)이다. 그러고 나서 건더기를 물과 섞어 치대어 국물을 뽑아내니 그것이 막 거른 '막걸리', '탁주'가 아닌가. 청주를 뽑아내지 않고 거른 것이 '진땡'인 것이고.

농사를 짓는 데는 이 탁주가 제격이다. 배가 차도록 한두 사발 들이켜도 그리 취하지 않고 얼른 힘을 솟구치게 한다. 막걸리를 소주고리에서 증류한 것이 소주이니, 역시 소주도 우리 술이다. 쌀이나 찹쌀이 아닌 수수(고량)를 재료로 만든 술을 증류한 소주가 배갈(고량주, 백주)이다. 그리고 요새 우리가 마시는 소주는 그 재료가 쌀이나 밀이 아닌, 고구마에서 주정(에탄올)을 뽑아내 이것저것 섞어서 만든다고 한다.

시골 우리 동네에서 실제로 있었던 일이다. 팔순을 넘긴 분이 속이 좋지 않아 매일 막걸리와 사탕만 잡숫고 1년여를 버티셨다. 술은 소화효소 없이 흡수되고, 사탕도 이당류라 별다른 효소가 필요 없다. 만일 이 어른이 소주와 사탕만 먹었다면 어떻게 되었겠는가. 찌꺼기가 없기에 속이 말라서 그렇게 오래 견딜 수가 없었을 것이다.

막걸리를 가만히 두면 밑바닥에 가라앉는 것이 있는데 이것이 앞으로 이야기하려는 효모 덩어리이다. 효모에는 비타민 등이 많이 들어 있고, 대변도 만들 수 있으니 막걸리가 소주보다 좋다는 것이다. 바닥의 그것은 두고, 위에 뜬 맑은 것만 따라서 마시면 너무 독해서 벌렁 나자빠진다고 '벌렁주'라 하던가. 이것만으로는 막걸리의 찬사가 부족하지만.

사람을 마시는 술

문득 생각이 난다. <강원일보> 논설위원을 지낸 김근태 선생이 뚱딴지(?)같이 얼마 전에 전화를 하셨다. 「술의 과학」에서 '술' 자가 눈에 확 띄셨던 모양이다. 이 글을 쓰는 데 얼마나 도움을 주셨던지! 김 선생은 세상에서 술이 가장 센 나라는 동양의 세 나라, 중국, 우리, 일본이라고 말씀하셨다. 그리고 우리는 알코올중독자가 적은데 서양인들은 많다는 나의 생각에 동조하였다. 서양 아이들은 도수가 센 술을 홀짝홀짝 혼자서 들이켜는 독배(獨杯)를 하지만, 우리는 도수가 약한 술을 마시는 것은 물론이고, 잔을 돌리는 순배(巡杯)를 하면서 안주는 꼭 챙겨 먹고, 이야기하고 노래 부르면서 마시기에 중독자가 적다는 것이었다. 그러니 "우리 것이 제일이야."가 맞는 말인데, 왜들 서양 것이라면 사족을 못 쓰는 것일까. 대화는 이어져서, 우리도 이제는 위스키 등 독주 때문에 중독자가 많이 늘었을 것이라는 점에 역시 생각을 같이 하였다. 고맙습니다, 김 선생님! 언제 자리를 같이 하고 싶습니다.

저녁 밥상에서 한두 잔 하는 것은 밥맛도 나게 하니 그지없이 좋은데, 하루에 소주 세 병에다 담배 두 갑을 피워 대는 사람들이 더러 있으니 애달프다. 실은 술도 건강해야 마신다. 담배 맛이 나면 몸이 괜찮다는 증거이기도 하고.

술이 물리지 않는 중독자들이 있다. 내 친구 하나도 죽는 순간까지 술을 마셨다. 그 좋은 술을 못 마시는 날이 저승 가는 날이었다니. 자식들의 후회 중의 하나가, "아버지 실컷 술 드시게 할것을."이었다. 필자도 농으로, 내 죽어서 새 술 나오거든 무덤에 부어 달라고 한다.

자식들 중에는 아버지의 술에 질리고 데어서 술을 입에도 대지 않는 자가 있는가 하면 자기도 모르게 부친의 뒤를 따라가는 자식도 있다. 우리의 행동은 모두가 유전자의 지배를 받는다. 즉, 유전자의 명령에 따라 행동하는 것이 대부분이다. 미워하면서 배운다는 말도 물론 일리가 있다. 술 중독유전자(中毒遺傳子)가 따로 있다는 말이다. 초파리나 쥐 등의 동물실험에서도 그 사실이 확인된다. 앞에서 이야기한 내 친구도 선친께서 그렇게 술과 살았다고 한다. 시도 때도 없이 마셔 대니 어찌 여린 몸이 그 독한 술을 이겨 내겠는가. 심신을 피폐케 하는 고놈의 유전자가 탈이로다!

그런데 어찌하여 술을 한 방울도 못 마시는 사람이 있는 것일까? 그 이야기는 조금 있다가 하고, 술, 즉 에탄올(에틸알코올)은 포도당보다 더 간단한 분자이다. 두 물질의 분자식을 봐도 알 수가 있다. 포도당($C_6H_{12}O_6$)은 탄소(C)가 여섯 개인데 비해 술(C_2H_5OH)은 두 개뿐이다. 훨씬 간단한 분자라서 세포에 술술 잘 스며들어 간다. 그래서 이런 질문이 가능하다. 포도당 주사를 맞았을 때와 술 한 잔을 마셨을 때 어느 쪽이 더 빨리 에너지를 내겠는가? 물론 술이다.

술은 주로 간(세포)에서 아세트알데히드(acetaldehyde) → 초산(식초)으로 바뀐 후 다시 아세틸 Co-A로 바뀌어 크렙스회로(TCA회로라고도 함)에 들어간다(크렙스회로는 너무 어려워 설명을 생략하고). 그것도 세포 안에 들어 있는 미토콘드리아에서 분해(산화)가 일어나는 것이다. 이 대목에서 술보다 식초가 더 빨리 에너지를 낸다는 것도 알 수 있다.

그런데 모든 반응이 일어날 때 반드시 효소가 촉매작용을 한다. 다시 말해, 에탄올이 아세트알데히드로 바뀌는 데는 ADH라는 효소가, 또 아세트알데히드가 초산으로 변하는 데는 ALDH라는 효소가 있어야 한다. 아뿔싸, 술을 전혀 못하는 사람들은 바로 이 효소가 없는 이들이다! 쉽게 말하여 ADH, ALDH 효소를 알코올분해효소라 부르면 된다. 즉 술을 분해하는 효소가 없어서 술을 조금만 마셔도 힘들어 한다.

그런데, 하나의 효소는 반드시 하나의 유전자에서 만들어진다. 술을 분해하는 효소가 없다는 것은 바로 그것을 만드는 유전자가 없다는 말이다. 술 마시는 것도 내림이다. 아주 잘 마시는 사람은 이 효소들을 술술 잘 만들어 낸다.

헌데, 술 마시기에도 용불용설이 적용된다. 필자는 둘러 이야기하기를 좋아하니, 말해서 '음, 불음설(飮, 不飮說)'이다. 자주 마시면 이 효소가 많이 만들어져 술맛이 나고, 뜸하면 효소 생성이 줄어 술도 준다. 사실 그렇다. 술을 오랜만에 마시면 자주 마실 때보다 빨리 취하고, 깨는 것도 느리다. 묘하다! 사용하면 발달하고 사용치 않으면 퇴화한다! 몸도 머리도, 음주도 모두 그러하니 묘하다고 한 것이다.

다시 강조하지만 술 분해효소가 없는 사람은 술을 마시지 말아야 하고, 그것을 아는 친구는 술을 먹여서도 안 된다. 그런 효소결핍인 사람이 마시면 독성을 가진 술은 분해되지 못하고 계속 피 속을 돌면서 여러 기관에 큰 해를 끼치게 된다.

특히 뇌세포에 아주 해롭고, 분해되지 못하기에 계속 심장을 뛰게 하는 등의 부작용이 따른다. 술이라는 게 다 그렇지 않은 가. 무색(無色)의 알코올에 우리가 모르는 이것저것을 집어넣 어 맛나게 하고, 향기를 풍기게 하여 과음을 유도, 유발케 한 다. 결국엔 술이 사람을 마실 때까지 들이마시게 하니 말이다.

처음엔 은근히 울적한 기분을 풀어 주고, 굳은 근육도 이완 시켜 주지만 조금 더 들어가면 대뇌의 조절력을 잃게 된다. 그 래서 다리에 힘이 없어져 흐느적거리게 되고, 판단력을 잃게 되어 실수를 한다. 더 심하면 혼수상태에 빠지고 죽음에까지 이르게 된다. 그놈의 술이 몸을 망치게 하고 집안까지 몰락케 한다. 옛날에는 지금보다 더했으면 더했지 덜하지 않았을 터. 술의 폐해를 잘 알아 술을 금하는 종교가 잽싸게 그 틈을 파고 들어 포교하기에 이를 정도였으니까.

식초 이야기

여기서 식초 이야길 덧붙인다. 앞에서도 말했지만 식초는 술이 분해된 더 간단한 것이라, 술보다 더 빨리 열과 에너지를 낸다. 시골에서는 식초를 이렇게 만들었다. 정종 병(촛단지) 등에 밑술(거르고 난 찌꺼기 술)을 집어넣고, 겨울엔 뜨뜻한 부뚜막에다 놓아 둔다. 그때 유의할 것은 병마개를 열어 둔다는 것이다. 술이 식초로 바뀌는 과정을 우리는 '초산발효'라고 하는데, 발효가 일어나는 데는 초산세균이 관여하고, 초산균은 호기성세균(산소를 좋아하는 세균)이라 산소가 있어야 하기에 병뚜껑을 열어 둬야 한다. 오래 두면 위에 말간 액이 고이는데 이것을 뜬 것이 식초이다. 만병통치약 식초이다. 생선 비린내를 없애는 데도, 연탄가스 중독에도 좋은 식초가 아닌가.

식초 이야기가 이어진다. 잘 보면 식초 단지 근방에는 코딱지만 한 파리들이 들끓으니 그것이 바로 '초를 좋아하는 파리' 즉 '초파리'이다. 그것들은 대부분 야생종(野生種)이라 눈이 빨갛다. "술을 좋아하는 초파리는 술을 너무 많이 마셔 눈알이 빨갛다."라고 농담을 늘어놓고, 술 못 마시는 사람을 놓고는 "초파리만 못하다."라고 놀린다. 실제로 초파리는 알코올 분해 효소를 듬뿍 가지고 있다.

초파리는 집파리와 아주 비슷한 곤충으로, 역시 날개가 두 장이다. 알 → 애벌레 → 번데기 → 성충의 생활사를 갖는 점도 집파리와 같다. 초파리는 어디서나 만날 수 있다. 집 안에 과일을 놔두면 과일 근방에 작은 파리가 날아드는데 그것은 '날파리'가 아니고 바로 이 초파리이다. 그래서 서양 사람들은 초파리를 과일에 잘 날아든다고 하여서 'fruit fly'라고 한다.

아이들을 키우는 주부들에게 한마디 한다. 과일에 초파리가 있을 때 더럽다고 때려잡거나 파리약을 칠 일이 아니다. 초파리만 해도 이 지구에 우리보다 먼저 온 대선배라는 점에서 그들에게 한 수 배워 보겠다는 자세를 가져야 한다.

아파트에 산다면 과일을 깎아 먹고 껍질을 그릇에 모아 베란다에 내 놓고 무슨 일이 벌어지는지 아이들에게 관찰시켜 보자. 초파리의 생활사, 한해살이를 같이 공부해 보자. 인간은 누구나 사육본능(飼育本能)이 있는지라 아이들이 무척 좋아한다. 그런 짓(?!)이 노벨상에 가까이 가는 길임을 인식하고.

말이 나온 김에 몇 마디 더 한다. 따로 지하실에 실험실을 못 만들어 줄 바에야 아이들의 공부방은 실험실이 되어야 한다. 거기에는 실험기구가 즐비해야 한다. 예를 들어 현미경, 해부 현미경도 갖다 놔야 한다. 노벨상은 부모가 만드는 것임을 강조한 것이다. 학교나 사회 책임으로 돌릴 일이 아니다.

술의 대명사, '효소'

이제 흔히 말하는, '술 약'이라 부르는 효모 이야기 차례이다.

술을 담글 때 넣는 누룩은 '누룩곰팡이' 덩어리인데 거기에는 '효모'도 넉넉히 들어 있다. 누룩곰팡이(자낭균)가 녹말을 당으로 분해하면 효모가 그 당을 술까지 발효시킨다.

효모는 단세포로 그 크기가 0.075밀리미터 정도이며, 지구상에 8,000여 종이 있다고 한다. 물론 효모는 세균이 아니고 곰팡이에 속한다. 효모는 세균이 살지 못하는 높은 산성도에서도 견디는 특성을 지니고 있다. 결국 식초가 잘 썩지 않는 것은 산도가 높아서 세균이 섣불리 끼어들지 못하기 때문이다. 술은 곰팡이의 작품이로군! 세균이 김치, 고추장을 만들고 버터나 치즈를 만드는 것이니, 결코 곰팡이나 세균을 사람에게 해로운 것이라 단정하지 말 것이다.

그리고 효모가 살지 않는 곳은 없다. 흙에도 식물에도, 꽃의 꿀에도 과일에도, 심지어 주부들의 손가락 사이에도 묻어 있다. 나물을 무쳐도 고무장갑을 끼지 않고 맨손으로 버무려야 맛이 더 나는 것은 바로 손에 묻어 있는 효모 때문이다. 그리고 효모는 영양 덩어리이다. 50퍼센트가 단백질이고, 여러 가지 비타민(B_1, B_2, 나이아신 등)을 가지고 있어서 비타민 대용품으로 쓰기도 했다. 옛날에 필자가 어릴 적에 먹었던 '원기소'라는 약이 바로 효모였다. 단언컨대 막걸리는 알코올과 단백질, 비타민까지 그득 든 영양 술, 약주(藥酒)이다.

여기에 덧붙일 것은, 효모는 당을 술로 분해하면서 그때 나오는 에너지를 이용하여 번식하고 성장한다는 것이다. 세상에 어디 공짜가 있던가. 효모는 어느 정도 자라면 제 몸의 일부를 뚝 잘라 새끼를 치는 출아법을 한다. 물론 당을 분해할 때 이산화탄소도 나오니 그것이 바로 빵을 부풀리기 위해 효모를 넣는 이유이다. 시판하는 '술 약'은 당밀(唐蜜)에 무기염류, 암모니아 등을 섞은 배지에서 대량으로 키워 효모만 순수 분리한 후 녹말에 섞어서 알갱이 모양을 만든 것이다. '마시는 빵'인 맥주에서도, 효모가 살아 있는 것을 '생맥주'라 한다. 효모는 바로 술의 대명사인 것.

심신에 좋은 '술'

옛날에도 겨울비가 내리면 술추렴을 했기에 '겨울비는 술비'라고 한 모양이다. 술은 기온이 좀 쌀쌀할 때 제 맛이 난다. 더운데 술까지 마시고 나면 열이 넘쳐 나서 더 덥지 않던가. 기온이 내려가면 살갗에서 뿜어 나오는 열이 쓱쓱 잘 날아가기에 입에 술이 당긴다. "밥은 봄같이, 국은 여름같이, 장은 가을같이, 술은 겨울같이 먹어라."라는 속담이 있다. 밥은 따뜻하게, 국은 뜨겁게, 장은 서늘하게, 술은 차게 마시라는 의미일 것이다. 그렇지 않아도 열이 많은 술을 뜨겁게 데워 먹으면 술에 금방 취하니 차갑게 마시라고 하는 것이리라.

술은 정신에 좋고 몸에도 좋은 음식이라고 강조해 왔다. 술

을 고통을 덜기 위한 도구 정도로 생각하면 주신(酒神), 바커스
(로마 신화에서는 주신이고, 그리스 신화에서는 디오니소스임)를 모
독하는 것이다. 문제는 과음이다. 몸에 좋은 인삼도 과하면 탈
이 난다. 그러나 말이 쉽지, 그게 말대로 되지 않으니, 우리 같
은 '술 먹은 개'는 다음날 마누라 앞에 그만 기죽고 만다.

그런데 나이가 듦에 따라 주량(酒量)도 차츰 줄어 간다. 나이
와 술에 이길 재간이 없다. 자연법칙이라 해도 좋다. 술에 장사
(壯士)없다는 말에 공감하면서, 어느 선배 분의 말씀이 기억난
다. 술로 생긴 병(病)은 술만 끊으면 낫는다!

술은 그 나라 문화의 지표요, 척도가 된다. 프랑스 꼬냑, 스코
틀랜드 위스키, 독일의 맥주, 중국의 배갈을 생각해 보면 공감
이 가지 않는가. 우리가 더 좋은 술을 만들 수는 없을까. 막걸
리, 소주도 좋긴 하지만 말이다. 술이 없는 세상은 물이 없는
사막과 다를 바 없다. 그것을 분해하느라 고통받는 간세포를
생각하면 넘침을 삼가야 하건만……

고산 윤선도의 말씀을 인용하면서 '술타령'을 끝맺을까 한다.

"술을 먹으려니와 덕 없으면 문란하고 / 춤을 추려니와 예 없
으면 난잡하니 / 아마도 덕예(德禮)를 지키면 만수무강하리라."